CHANGE the Future Economy with CHOCOLATE

Hirotsugu Natsume

温めれば、何度だってやり直せる

チョコレートが変える「働く」と「稼ぐ」の未来

久遠チョコレート代表
夏目浩次

人生はチョコレートの箱のようなもの。開けてみないと分からない。

――映画『フォレスト・ガンプ／一期一会』より

［プロローグ］

「使えない」とレッテルを貼られた人たちに「居場所」ではなく「稼げる場所」を

久遠(くおん)チョコレートは、愛知県豊橋市の古い商店街に本店を構えるチョコレート専門店。僕がこのブランドを立ち上げたのは２０１４年のことだった。

その前身となるパン工房を起業したのは２００３年。まだバリアフリー都市計画を専門にする大学院生だった20代の時。熱い思いと理想を抱きながらもあっという間に借金１０００万円以上を抱え、もがきながら再スタートを切ったのが久遠チョコレートだった。

10年経ち、久遠チョコレートの拠点は、愛知県に留まらず北海道から鹿児島県まで全国で60ヵ所になった。百貨店のバレンタイン催事などで目にしたことがある人もいるかもしれない。年商はフランチャイズ店も含めて18億円にまで成長した。

でもまったく満足はしていない。僕が思い描く理想というのは、久遠チョコレートのやっていることが「当たり前」の社会になることだからだ。

久遠チョコレートの看板商品は、1枚からバラでも買えるテリーヌチョコレート「QUONテリーヌ」。日本全国のさまざまな食材を用い、季節限定品・地域限定品を合わせると、その種類は150種類以上だ。世界30ヵ国以上のカカオを使い、カカオバター以外の植物性油脂を一切使わない、こだわりのチョコレート作りを心がけている。

商品が自慢なのはもちろんだけれど、もっと誇らしく思っているのは、ここで働くスタッフたちだ。久遠チョコレートの従業員はおよそ700人。その700人は、「QUONテリーヌ」と同じように、多種多様な人たちで構成されている。

働く仲間の約95％は、お菓子作りの未経験者。身体や心や発達に障がいのある人たちが、全体のおよそ6割を占めている。さらには引きこもり経験者もいれば、子育て中・介護中でフルには働けないという女性たちもいる。

おそらく彼らは、一歩経済社会に出れば「使えない」という烙印(らくいん)を押されてしまう人たちだろう。今の日本の社会では「普通／普通じゃない」「できる人／できない人」「使える人／使えない人」という二元論で人を区別しようとする傾向があるからだ。

一般社会で評価されるのはえてして、「普通」で「できる人」で「使える人」ばかりだ。障がい者とその家族、子育て中・介護中の女性、性的マイノリティ、外国人労働者などは、働く場所や暮らす場所の選択肢が限られてしまう。彼らの息苦しさや生きづらさは、見えないものとして蓋(ふた)をされてしまいがちだ。社会から「使えない」とされてこぼれ落ちても、「自己責任」だと片づけられてしまう。

僕はそんな彼らを積極的に受け入れている。そうすると、「すごいですね」「とても真似できません」というような言葉をいただくことがたびたびある。

でも、僕が障がい者や性的マイノリティなど多様な人たちを受け入れるのは、彼らを「救いたい」と思っているからではない。彼らの「居場所」を作ってあげたいからでもない。社会貢献でも何でもない。企業や組織、あるいはこの社会が成長していくために必要なアクションの一つだと本気で考えているからだ。

十人十色という言葉があるように、人はそれぞれ違っていて当たり前。空にかかる虹が、紫や青から赤に向かってキレイなグラデーションを描くように、みんないろいろな色合い（個性）を持っているもの。その個性をパズルのように組み合わせたら、新しい価値がどんどん生まれる。白と黒しかないよりも、カラフルな色が混じり合っているほうが、遥かに楽しいし、豊かな社会だ。僕はそう信じている。

その考え方が浸透していけば、チョコレート以外の世界でも、第2、第3の久遠チョコレートが生まれるだろう。年商18億円の僕らにできるのだから、年商180億円、1800億円、

1兆8000億円の企業は、もっともっとできるはず。そのポジティブな連鎖が生まれたら、日本の社会を変えて経済を底上げするブレークスルーになるはずだ。

そんな社会の実現に近づくためにも僕は、個性溢(あふ)れる人たちを積極的に仲間として受け入れているのだ。

ただ、久遠チョコレートが今の場所に辿(たど)り着くまでには、「絶対失敗する」と笑われたり、呆(あき)れられたりしたことは数知れず。周囲には何度も迷惑をかけたし、怒られたり、バッシングを受けたりしたことも少なくない。

これから話すのは、僕の無謀ともいえる挑戦と、ぶつかり続けた壁と、次々と現れる課題を乗り越えるために絞り出した知恵と汗の物語だ。学歴も技術もキャリアも自信もお金もなかった僕が、世の中で「使えない」とされている人たちに「稼げる場所」を作ろう、と奮闘してきた道のりを語ろうと思う。

目次 ● CONTENTS

第2章 【2012-2020】
人も多様、カカオも多様。人に合わせて仕組みを考え組織を作る

第3章 ［2021－2023］

「無理だ」ではなく「どうしたらできるか」の逆算思考で組織を成長させる

第4章 壁にぶつかっても諦めない。逆境からこそヒットは生まれる

第6章 「社会貢献ブランド」ではなく「一流ブランド」へ

［エピローグ］

久遠チョコレートを代表する商品「QUON テリーヌ」。世界各国から集められたカカオと、厳選された日本各地のお茶やフルーツを組み合わせた 150 種類以上。久遠チョコレートが目指す「凸凹ある誰もが活躍できるカラフルな世界」を象徴する。

愛知県豊橋市、豊橋駅前のときわアーケード内に本店を構える久遠チョコレート。

手作業で1枚1枚カットされる「QUONテリーヌ」は、好きなフレーバーを1枚ずつ選べるバラ売りスタイル。

右上／温めて溶かしたカカオを適温まで下げながら練り上げるテンパリング作業を手作業で丁寧に行うため、カカオバター以外の植物性油脂を一切使わないピュアチョコレートが出来上がる（117ページ）。

右下／重度障がい者のＹさんも、特製粉砕機で茶葉の粉砕に励んでいる（154ページ）。

左上／凸凹のあるスタッフが多く働く「パウダーラボ」。チョコレートに混ぜ込む茶葉は、スタッフ一人ひとりが石臼で挽いているので、まろやかな味わいに。また、機械では挽けない茶葉の茎まで無駄にしない（135ページ）。
左下／パウダーラボで仕事を覚え、学び、成長した障がい者たちのキャリアアップの場である「パウダーラボ・セカンド」では、焼き菓子用の生地材料の配合が誰にでもパッと分かりやすいよう工夫がされている（107ページ）。

上／パウダーラボのバディ（重度障がいのあるスタッフ）たちが描いたアートを使用したカラフルなパッケージが魅力の商品「タブレット」（138ページ）。
中右／「QUONテリーヌ」を３枚セットにして、絵本のようにタイトルをつけた商品がヒット（143ページ）。

中左／チョコレートの売れ行きが落ちる夏場に対応するため考案した「至高のアイス」。アイスキャンディをミルク、抹茶、ストロベリー、マンゴーから選び、さらに久遠特製チョコレートをミルク、ホワイト、レモンから選んで自分でコーティングできる（139ページ）。

下／焼き菓子店「ドゥミセック」。「既成概念を取っ払った先にこそ面白いものが生まれる」という信念から誕生したキャラクター（166ページ）。

多くの名門チョコレートをプロデュースするトップショコラティエ野口和男さん（左）と出会い、「チョコレート作りは科学」と教えられたことが、チョコレート作りを始めるきっかけとなった（72ページ）。

元エンジニアという異色の経歴を持つ野口さんが開発してくれた久遠チョコレートオリジナルの保温器「トランピール」。世界30ヵ国からやって来た多様なカカオの個性をそれぞれ活かしながら優しく溶かすことが可能になった（120ページ）。

上／ 2022 年、国内最大級のバレンタイン催事である阪急百貨店うめだ本店「バレンタインチョコレート博覧会」では、1 階正面入り口の幅 15 メートルものスペースに出店。チョコレートを 1 枚ずつバラ売りするスタイルの認知度も高まった（182 ページ）。

下／ 2022 年のジェイアール名古屋タカシマヤのバレンタイン催事「アムール・デュ・ショコラ」では、オープニングセレモニーに初めて呼ばれる。名だたるスターシェフたちに交じって緊張の面持ちの著者（中央奥）。ここで出会ったトップパティシエ柴田武さん（前列中央）と、その後コラボビジネスとして、ソフトクッキーブランド「ABCDEFG」を立ち上げる（184 ページ）。＊写真は 2023 年時のもの。

温めれば、失敗しても何度でもやり直せる。
人の「時間軸」に合わせてくれるチョコレートとの出合いが、すべてを変えた。

第1章

［2003-2012］

「仕方がない」で済ませたくない。「障がい者の月給1万円」の壁を打ち破れ！

障がい者が「稼げる場所」を作りたい

２００３年、僕は生まれ育った愛知県豊橋市の商店街に、小さなパン工房を開いた。その少し前まで、僕は地元の大学院の修士課程で、バリアフリーをテーマにした都市計画を研究しており、本来はとっくに修士論文を提出していなければならない時期。ただ、起業準備の段階で、修士論文を出すことには早々に見切りをつけていた。それよりももっとやるべきことを見つけてしまったからだ。

きっかけは、ヤマト運輸をトップ企業へと押し上げた小倉昌男さんの取り組みを紹介した『小倉昌男の福祉革命―障害者「月給1万円」からの脱出』（小学館）という書籍を読んだことだった。タイトルにあるように、**障がい者が働く作業所の全国平均月給（工賃）は1万円だという現実**を知り、頭を殴られたようなショックを受けたのだ。

小倉さんは、１９９３年、ヤマト福祉財団を設立し、障がい者の自立と社会参加の支援を進めていた。その2年後、阪神・淡路大震災が発生。障がい者が働く作業所の多くも被災したという。

現状を把握するため、小倉さんは各地の施設を訪ねるうちに、障がい者が作業所で手にする給料がわずか1万円にも満たない（当時）ことを知り、障がい者の「作品」ではなく、一般消費者を対象としたマーケットで売れる「商品」作りへとシフトして「稼げる場所」を作る活動を展開したのだ。

小倉さんに触発された僕は、**障がい者が「働ける場所」「稼げる場所」を作ろう**、という理想に燃えてパン工房を開くことにした。

なぜ僕が小倉さんの本にそこまで衝撃を受け、貧乏学生だったのに研究を放り出してまで起業しようと思い立ったのか。少し時計の針を戻してみよう。

自信のないままスタートした大学時代

高校時代、「サイン、コサイン、タンジェントなんて社会に出たら必要ない！」という浅はかな理由で数学を早々に諦めた僕は（この決断がいかに浅はかだったかは、のちのち思い知ることになる）、英語、国語、世界史くらいしかまともに勉強しなかった。

そんなド文系の僕が、1995年に入学したのは、理系と文系の垣根を取り払った「文理融合型の総合大学」を標榜（ひょうぼう）する地元・愛知の名城大学。選んだのは、都市が抱える課題を解決する都市情報学部だった。

都市問題をなんとかしたいという熱い思いがあったわけではない。将来何をしたい、という明確な夢があったわけでもない。それまでの僕は、好きなことを見つけて打ち込んでいる周りの人間を見ては、「自分はなんて飽き性で中途半端なんだろう」と劣等感を覚えているようなタイプだった。実は高校時代には、「使える英語を身につけたい」と思い立ち、ニュージーランドに3ヵ月の語学留学をさせてもらっていた。しかし、あんなに熱中した英語もたいしてモノにならなかった。正直に告白すると、大学・学部の選択は他に選択肢がなかったからだ。

ただこの時の選択が結果的に、20年間ブレずに続けている仕事への大事なヒントを僕に与えてくれたのだから、何が幸いするか分からないものだ。

将来を方向づけた2つの言葉

転機になったのは、教養課程の英語の授業だった。授業の担当をしていたのは、同じ愛知県内にある日本福祉大学の先生。福祉大らしく、英語の教材は福祉関連の本だった。
そこで初めて知ったのが**「ユニバーサルデザイン」**と**「ノーマライゼーション」という言葉**だった。今でこそ広く知られるようになった言葉だが、その頃の日本では馴染(なじ)みの薄い言葉で、その新鮮な響きと意味合いに僕は衝撃を受けた。もちろん短期の留学でも出合ったことのない言葉だった。

あらためて解説してみよう。

ユニバーサルデザインとは、障がいの有無を含め、個人の多彩な個性の違いを包括し、できるだけ多くの人びとが使いやすい設計を目指したもの。

ノーマライゼーションとは、障がいの有無で特別に区別されることなく、社会生活をともにするのは正常であり、本来望ましい姿であるという考え方。その実現に向けた運動や施策も含め、そう呼ばれることもある。

そう考えると、ユニバーサルデザインとノーマライゼーションという言葉ほど、久遠チョコレートが実現したい世界を端的に表しているものはない。

都市情報学部では、3年次に文系か理系のコースを選択することになっており、数学が苦手な僕は、入学当初、当然文系コースに進むつもりだった。ところがこの「ユニバーサルデザイン」と「ノーマライゼーション」という2つの言葉を知ったことにより、バリバリ理系の土木系コースへと進むことを選択したのだった。

なぜなら、そこには、ヒトの視認性や自動車の動きを数学的に解析して、交通事故をどう減らすかという研究をしている先生がいたからだ。この先生の下(もと)でならユニバーサルデザインやバリアフリーな都市計画の研究もできるのでは、と考えたのだった。

政治家を志す

ユニバーサルデザインやバリアフリー都市計画を真摯（しんし）に学び、それを社会で実現していくために、大学卒業後はゼネコン、あるいは土木系コンサルティング会社に就職。実務を学びながら活躍する……。プロフィールにそう書けたら、1本スジがきちんと通るだろう。でも、僕の現実は違った。

大学4年生になった僕が将来の夢として心に決めたのは、政治家だった。自分でも本当に、飽き性で中途半端な人間だと思う。

ここでいきなり僕が「政治家になると心に決めた」と言っても、あまりにも唐突に思われるだろうが、一応これにには理由がある。僕の父は当時、地元豊橋市の市議会議員をしており、僕は二世議員としてその跡目を継ごうと考えたのだ。

いかにも安易。でも、後付けで少しカッコいい説明をするなら、ゼネコンや土木系コンサルで働くよりも、ノーマライゼーションやユニバーサルデザインのように自分が本気でやりたいことは、政治家になったほうが叶いやすいという思いもあったのだ。

僕の父は、昭和13年（1938年）生まれ。戦前の日本の家庭では珍しくないようだが、兄弟は10人以上いたそうだ。なぜ政治家を志したのか。その点については、一度も父に聞いたことはない。

父は寡黙で、家庭では政治の話をしないタイプ。ゆえに経緯は不明だが、中学卒業後に地元出身の国会議員の秘書を務めたのだという。秘書といっても、鞄持ちのようなものだろう。

父は真面目に職務を果たしていたようだが、「事務所のお金を使い込んだ」という濡れ衣を着せられた挙句、ある日突然クビを切られてしまう。世の中がすっかり学歴を重視する社会に様変わりしたため、中卒の秘書を雇っていると国会議員としての箔が落ちる（値打ちが下がる）とでも思われたようだ。

青天の霹靂に、父は失意のどん底に突き落とされたことだろう。無念さは、察するに余りある。しかし、父は市議会議員として再起を図ったのだった。地元コミュニティに寄り添い、小さな困り事をコツコツと解きほぐしながら、少しずつ信頼を獲得。二度目の立候補で、市議会議員に当選できたのだ。

国を動かすなら国会議員にならないとダメ。人はそう思いがちだ。でも、地域の最前線で泥臭く活動している地方議員こそ、一人ひとりの力はたとえ小さいとしても、それが集まれば社会や国全体を動かす大きな力を秘めているのではないか。大学生の僕は、父の背中を見ながら、そう思っていたのだ。

父はその後6期24年の議員生活を終え、平成24年（2012年）に旭日小綬章を受章することになるが、その時初めて、クビを切られた時のことを息子の僕にこう吐露してくれた。

「社会は、時に悪意なく強き者の声を聞き、弱き者の声を簡単に切り捨てることができる。でも弱き者の声に耳を傾けろ。声なき声は必ずある」

「いつか見返してやる」。そう心に決め、その後の人生の糧にしたそうだ。初めて父の心境を聞き、父と過去のことを話したひとときだった。

政治家への道を早々に断念

政治家への野心を秘めた僕は、大学時代から名古屋市の市議会議員の事務所でアルバイトをしたり、国政選挙に出馬する候補者の選挙活動を手伝ったりしていた。

そうした活動を、父もきっと知っていたはずだ。大学を卒業したら、ゆくゆくは政治家になりたいと宣言した僕に、父は賛成も反対もしなかった。それを賛成だと勝手に解釈した僕は大学卒業後、地元のある信用金庫に就職。それには、次のような目算があった。

信用金庫なら、何もトラブルがなければ、定時に業務を終えて退社できるはず。アフターファイブの時間を地元に根付いた活動に振り向け、コミュニティとの絆を強め、政治家としての足固めができる。そう考えたのだ。

現在では、地方議員のあり方もずいぶん変わってきていると聞く。ただその頃は、地元に密着した活動をいかに地道に続けられるかが、地方議員になるための生命線だと考えられていた。そのため僕は、信用金庫を定時で退社すると、地元の消防団の集まりに参加したり、花火大会やお祭りなどの準備を積極的に引き受けたりしていたのだ。

ところが、実際に活動するなかで感じたのは、少なくとも地方議員には、ノーマライゼーションやユニバーサルデザインを実現したいといった大きなビジョンや政治的な理想は、必ずしも求められていない、という現実だった。時代や地域に応じて状況は異なるから、あくまで僕が体験した範囲内で語らせてほしい。

いかに一緒に酒を飲み、地域活動に参加し、人と人との付き合いを深めて信頼を勝ち得ることができるか。学校や住宅街や商店街などで日々起こる小さな不満やトラブルを訴える声に耳を傾け、それをいかに解決へと導けるか。そのほうが、地方議員にはずっと大事なのだと分かってきたのだ。

確かに、美しいビジョンや理想を掲げて大風呂敷を広げるだけで、何も現実的な成果を出せない政治家よりも、コミュニティに溶け込み、その不満や不安を一つひとつ解消する政治家のほうが何倍も必要とされるだろう。

ただ、ここが僕の飽き性で中途半端なところだと思うのだが、地元に密着したコミュニティ活動を地道に続けるだけの我慢強さがいかんせん欠けていた。問題は、彼らの側にあったのではなく、政治家になるうえでの覚悟が足りない僕自身にあったのだろう。消防団の集まりにも次第に顔を出さないようになり、花火大会やお祭りの準備などからも足が遠のいてしまった。

そしてある日、信頼していた知人から「そんな態度なら、お前に票を入れるヤツなんか、誰もいないからな!」と面と向かって言われた瞬間、スイッチが切れてしまった。これを境に、そうしたコミュニティとは縁を絶ってしまったのだ。

父は多くを語らない。でも、彼も地域コミュニティとの日常的な触れ合いのなかで信頼を勝ち得るようになり、小さな困り事と真摯に向き合う過程で政治家としての基礎体力を養い、市議会議員になったのだと思う。そして議員バッジをつけてからも、地元ファーストで地に足のついた活動を続けるうちにさらなる信頼を勝ち得るようになり、彼なりにやりたいことを着実に実現したのだろう。息子の僕には、残念ながらその真摯なる粘り強さは受け継がれていなかったようだ。

信用金庫も辞める

政治家への道を諦め、コミュニティとの交わりから遠ざかる以前に、信用金庫勤務は終わりを迎えていた。半年くらいしか持たなかったのだ。

信用金庫を辞めたのは、僕が飽き性だったからでも中途半端だったからでもない。いわゆるパワハラがはびこっている環境に、「仕方ない」が許せない僕のセンサーが作動したからだ。パワハラという言葉は当時まだポピュラーではなかった（パワハラ＝パワーハラスメントという和製英語が登場するのは２００１年らしい）けれど、実際はパワハラ認定されるような事態が日常茶飯事。部下には何をしても許されると勘違いしている上司が少なくなかったのだ。

些細(ささい)なことで怒鳴ってくる課長に対して、「なぜ頭ごなしに怒鳴るんですか？」と言い返したら、奥の席から支店長が出てきて「上司に対して何という口の利き方をするんだ」と逆に僕が怒られたことも。

その課長は、何も悪くない若い女性行員に対してもすぐに怒鳴るタイプだったので、「怒鳴っても何も解決しません。冷静に伝えるべきだと思います」と支店長に訴えたら、「課長のほうが立場は上なのだから、仕方ないだろ」と言われて、これはもうダメだと思って辞表を提出したのだった。

信用金庫勤務には、あまりよい思い出はない。でも、一つだけとびきりよいことがあったことを言っておかなければならない。それは、同じ職場にいた妻と出会ったことだ。

結婚してから現在まで山あり谷あり。公私ともに苦労の連続。それでも妻は何一つ文句を言わず、僕をいちばん身近で支え続けてくれている。

2人の子どもの子育てもほとんど任せっきり。ダメダメな夫でありパパである僕を、笑って許して黙ってサポートしてくれている妻には、心から感謝している。

大学へと舞い戻る

政治家への道を断念し、信用金庫も辞めて行き場をなくした僕は、もといた大学の修士課程へ舞い戻ることにした。大学院でユニバーサルデザインを本腰を入れて研究したいと思ったのだ。さすがに親に学費を頼ることはできず、全額奨学金で賄(まかな)うことにした。

大学院時代に取り組んだ研究テーマは、「駅空間における移動容易性」。誰もが移動しやすく使いやすい駅にするには、どうすればよいかを研究テーマとした。

研究の主要な舞台となったのは、名古屋駅。新幹線、JR在来線、私鉄（近鉄・名鉄）、市営地下鉄といった多くの路線が乗り入れる中部圏最大のターミナル駅だ。

僕の研究方法は極めて泥臭いもの。すべての乗り換え経路を実際に歩いてみて、どこに問題があるかを炙(あぶ)り出していったのだ。

その結果判明したのは、乗り換え経路により、乗り換えにかかる歩数には大きな違いがあるということ。原因は、各路線の改札口が物理的に離れていることに加えて、必要な場所に適切な案内（サイン）がないことにあった。登山者が迷わずに山頂まで辿り着けるのは、登山道の随所に適切な案内があるから。多くの人が日常的に利用している駅も、利用者が迷わないように有効なサインがあるべきなのだ。

ことにエレベーターでないと移動が難しい車椅子ユーザーと一緒に歩いてみると、彼らはエレベーターの位置を示すサインが見つけられないと、立ち往生するシーンもしばしば。新たなルートを作ったり、エレベーターの位置を動かしたりするのは大ごとになるし、お金もかかる。しかし、必要な場所に乗り換えルートのガイダンスやエレベーターの場所などを示すサインを表示するだけなら、たいしたコストはかからない。それでも実効性は高いと僕は考えていたのだ。

学会でボコボコにされ自信を失う

この極めて地道なフィールドワークによる研究結果を携えて、僕は意気揚々と学会で論文を発表した。しかし、専門家の先生たちの賛同はまったく得られなかった。それどころか、数学的な裏付けのない分析というネガティブな評価を下されてしまったのだ。
学会で発表される論文というのは「ザ・理系」の数式だらけのものばかり。数字によるロジックがないとボロクソに突っ込まれて、僕はひたすら落ち込むしかなかった。客観性と科学的な再現性を重んじるサイエンスの世界では、数学的な裏付けを伴わない研究は説得力に欠けて見えるものなのだろう。

この時ほど、数学への苦手意識から「サイン、コサイン、タンジェントなんて社会に出て必要ない！」などと理屈をつけて、高校生のうちにド文系の道を進んでしまった自分を悔やんだことはない。慌てて高校時代の教科書を開いて学び直しを試みたが、時すでに遅し。何も頭に入って来ない。数学に限らず、基礎的な学びは、若くて頭が柔らかいうちに済ませておくべきなのだろう。

ただ僕自身は、徹底的に当事者目線で研究をしていたつもりだった。さまざまな障がい者団体と交流し、そこで知り合った方たちに駅の使いにくい点などをヒアリングしたりもしていた。当事者目線に立つ、という僕の信念は、この頃培われたのかもしれない。

月給1万円の人びとの存在に衝撃を受ける

そんな修士1年の時に出合ったのが、前述した小倉昌男さんの本だったのだ。

僕は当事者目線に立ったつもりで、車椅子ユーザーとともに駅の乗り換えルートを何度も辿っていた。彼らの気持ちを知りたいと思い、車椅子に乗り、車椅子テニスに汗を流したこともあった（高校3年間、テニス部だった経験が活きた）。

しかし、月給1万円で働かざるを得ない環境に置かれている障がい者は、自らの狭い生活圏から出るチャンスは滅多にない。ましてや名古屋駅のようなターミナル駅を利用する機会はほとんどない。日本では、自宅と福祉関連の作業所の往復だけで暮らしている障がい者は少なくない、という事実を知ったのだ。

「駅空間における移動容易性」などという研究テーマを掲げていたものの、**そもそも働けなくて、所得がなかったら、駅に行きようがない。駅の利便性を上げたところで何になるのか**、と愕然（がくぜん）としてしまった。

ユニバーサルデザイン、ノーマライゼーション、バリアフリーを追求するなどと言いながら、街なかでも駅でも目にしない人びとがいかに暮らし、働き、何を求めているかについて無知だった自分を恥ずかしく思った。障がい者目線に立っているという自負が、薄っぺらいものだと思い知らされて衝撃を受けてしまった僕は、修士論文を棚上げにして自分にできることを必死に探し始めた。

大学院の卒業時期を控えても、修士論文を仕上げる気配が一向にない僕を見かねて、指導教官は「大学院にもう1年残り、とにかくマスター（修士）を取りなさい」とアドバイスしてくれた。それでも学業には身が入らず、結局修士号を取ることもなく大学院を中退してしまった。

やりたいことが見つかったから大学院を中退したい。僕が下した決断を伝えると、母親から「せめて修士は取ってほしい」と懇願された。僕の将来を心配してくれたのだろう。父親はいつものように何も言わなかったが、政治家に続いて大学院も中途半端に投げ出そうとしている僕を、おそらく同じように心配していたに違いない。

学業を放り出し、僕が熱中していたのは、障がい者が「稼げる」ビジネスを立ち上げることだった。しかし、お金も技術も経験もない僕が起業するのは、それほど簡単なことではなかった。

福祉はお金ではない？

新しいビジネスを始めると決めた僕は、手始めに地元でリサーチを行った。「障がい者の月給1万円」が真実なのか、確かめてみようと思ったのだ。

地元の豊橋市エリアには、授産施設が6ヵ所、小規模作業所が11ヵ所ほどあった。授産施設とは、生活保護法を根拠に、政府機関や社会福祉法人などが運営している心身障がい者施設。小規模作業所とは、地域の障がい者を対象に、働く場所、生活や交流の場所の確保を目指す小規模な施設だ。

僕は障がい者が働く作業所を隈（くま）なく回り、次のように尋ねた。

「どんな仕事をしていますか？　工賃はいくらですか？」

それに対する反応は、判で押したように同じだった。

「なぜお金のことを聞くのか」

「福祉はお金ではないんだ」

小倉さんの本が話題になっていた時期だから、福祉とお金をめぐる問題に関する質問には余計センシティブになっていた、というのもあったかもしれない。

小倉さんの本では「月給1万円」と書かれていたが、「うちでは3000〜4000円しか払えていない」と正直に教えてくれるところもあった。

計17ヵ所をリサーチしたなかでも、いちばんジェントルに対応してくれた作業所があった。そこで言われたフレーズが、今でも心に突き刺さっている。

「仕方ないんだよ」

仕方ない？　この問題は、果たして「仕方ない」で済ませてよいものなのか。「できる」ための努力をする前に、最初から「できない」と諦めてしまっていいものか。そんなわけはない。僕の心のなかに湧き上がってきたのは、静かな闘争心だった。

「帰りなさい」に込められた2つの戒め

障がい者が置かれている現実を直視して、僕はさっそく小倉さんに「ぜひ会って話を聞いてください」と手紙で連絡を取った。まだメールでの連絡が一般的ではない時代だったのだ。

小倉さんは、障がい者が月給1万円から脱するために、「作品」ではなく「商品」を作って売るスワンベーカリーというパン屋さんを1998年から全国展開していた。

そしてスワンベーカリーのフランチャイズへの参加を考えている全国の社会福祉法人などを対象として、定期的にセミナーを主催していた。セミナーは基本的には法人が対象なのだが、役員の方の尽力で、特別オブザーバーという形で参加を認めてもらうことができたのだ。

セミナーが終わり、懇親会の席で役員の方が、小倉さんに引き合わせてくれた。

僕は名刺を出して手短かに自己紹介をして、「スワンベーカリーをやらせてください」と頭を下げた。

すると小倉さんが口にしたのはひと言。

「母体は何だ？」

僕が、「母体はありません。一人です」と答えると、小倉さんは静かに「帰りなさい」とおっしゃったのだった。

その瞬間、案内をしてくれた役員を始め、周囲の空気が凍りついてしまったのを覚えている。僕は「ぜひやらせてください」と粘ったものの、凍りついた空気は解凍されることなく、引き下がるほかなかった。

その時は「帰りなさい」はないだろう！　と憤慨した。でも、あとで役員の方と話しているうちに、「帰りなさい」の裏には2つの戒め（いまし）が隠されていると分かってきた。

成功例ばかりを見ていると、「隣の芝生は青い」で自分もやってみたくなるもの。しかし、商売には失敗する可能性もある。人を雇い、給料を払えるだけの稼ぎを叩き出すのは、容易ではない。どんな熱い思いに突き動かされているとしても、母体もなく、たった一人でチャレンジするのはリスクが高すぎる。これが第1の戒め。

さらにいうなら、人を雇って暮らしを支えるのは、その人の人生に関わること。ことによっては一生を背負う覚悟すら求められる。だからこそ、決して甘く考えてはいけない。それが第2の戒めだったのだ。

門前払いで闘争心に火がつく

小倉さんに門前払いされたのは無念だったが、諦めるつもりは毛頭なかった。むしろ闘争心に火がついて、「母体がなくても、一人でもできることを見せてやる!」と、より奮い立ってしまった。若くて怖いもの知らずだったとしか言いようがない。

パン工房を作ろうとしたのは、スワンベーカリーという先行例があるうえに、僕自身が小さい頃からパン好きだったから。パンが大好きすぎて、お金がない学生時代は、近所のパン屋さんからタダでもらってきた食パンの耳に、マヨネーズをつけて食べるだけで満足していたくらいだ。パン好きなのか、単に貧乏だったのか分からない話だが。

パン屋がいい、と思った理由がもう一つある。

パンは生活必需品の一つであり、パン屋さんには不特定多数の人が毎日のように足を運ぶ。その機会に、障がい者たちの存在を知ってほしい、彼らが働いている姿を垣間見てほしい、それで社会が変わる小さなきっかけになったら、と思ったのだ。

パン工房を開く場所は、意外に早く見つかった。地元でいちばん歴史が古い花園商店街が、商店街の活性化の一環として、15坪ほどの空き店舗を月5万円という格安の家賃で貸してくれたのだ。不動産会社を介さないので、仲介手数料もなし。しかも、敷金も礼金も不要という破格の条件だった。

事業計画が怒られまくる

場所が決まったら、次は協力してくれる製パン会社探しだ。ちなみにスワンベーカリーは、「アンデルセン」や「リトルマーメイド」を全国展開しているタカキベーカリーの協力を得ていた。パートナーになってもらうために、僕は事業計画書の作成に取り掛かった。そこには大学院時代のフィールドワークの経験が役立った。半径1㎞以内のパン屋さんの客単価や来店者数の平均を調査して、自分たちの場所なら想定客単価をどう設定すれば、利益を出せるかを計算したのだ。

スワンベーカリーは、タカキベーカリーから仕入れた冷凍パン生地を使っていた。お店で粉からパン生地を作る「スクラッチ」というプロセスが不要なので、誰でも簡単に美味しいパンを焼けるからだ。

ただし、冷凍パン生地は原価が高く、収益を出すにはより多く売る必要がある。そこで僕は、冷凍パン生地とお店でスクラッチしたパン生地を組み合わせるハイブリッド方式を取ることにした。

冷凍パン生地を提供してくれる大手製パン会社、スクラッチしてパン生地を作る技術を教えてくれる中小の製パン業者とアライアンス（連合）を組み、一緒になって障がい者が売れる「商品」を作り、稼げる場所を作ることができないかと考えたのだ。

そこで出来上がった事業計画書を携え、全国の大手製パン企業や中小の製パン業者を片っ端から訪ねて、パートナーになってほしいとお願いして回った。

どこでも話は聞いてくれるものの、答えは決まって「ノー」だった。

大手の製パン会社からは「事業に将来性が見えない」と言われたし、中小の製パン業者からは「なぜうちの大事な技術を教えなきゃいけないの？」と怒られもした。僕が出した事業計画書を目の前で投げ捨てた会社もあった。「現実を知らない若造が理想論ばかり言いやがって」とイライラしたのだろうか。

最後の最後に待っていた幸運な出会い

20社目くらいだっただろうか。「ここがダメだったら諦めたほうがいいかもしれない」と思って飛び込んだところで、想像もしなかった幸運が待っていた。

それが「Ｐａｓｃｏ」ブランドで知られる敷島製パン。

敷島製パンは名古屋市に本社を置き、豊橋市に近接する刈谷市に工場があった。その工場にアポなしで突撃したところ､対応してくれたのは開発系の課長さん。そして話を聞き終わると、「分かりました。一度上に掛け合ってみましょう」と言ってくれたのだ。あとでこっそり聞いたら、「絶対失敗するぞ」と思っていたらしい。当然だ。


敷島製パンができることとして考えてくれたのは、次のようなことだった。

敷島製パンは当時、冷凍パン生地を店舗まで運び、コンビニで焼きたてパンを売るビジネスを展開していた。

残念ながらこのビジネスはうまくいかず、僕が訪ねた時はちょうど事業から撤退を始めたばかりだったのだ。刈谷工場には、近隣のコンビニから引き上げてきたオーブン、発酵器、冷凍庫、ラック、金型といったパン作りに必要な機械や器具が倉庫を埋め尽くしている状況だった。

上の許可をもらった課長さんは、倉庫の在庫からパン作りに欠かせない機械と器具を１セット、期限付きで貸与してくれたのだ。

ただオーブンだけは傷みの激しいものが多く、貸与は難しい状況だった。すると、課長さんは付き合いのある業者を紹介してくれて、普通に買うと３００万円ほどする立派なオーブンを

〝敷島価格〟の80万円ほどで提供してくれたのだ。

さらに、神戸市にある敷島製パンの研修センターに、僕と妻を勉強に行かせてくれた。開業前後は、パン作りの技術指導をしてくれるOBまで派遣してくれるという大盤振る舞い。それがすべて無償だったのだ。今でも敷島製パンには足を向けて寝られない。

パートナー探しと同様、開業資金の用意も難航した。最初は、どの銀行でもまた門前払い。先行きの知れない事業にお金を貸してくれる銀行などなかった。

パン工房を開くには、店舗を改装し、機材を揃えると2000万円ほどかかる。それがかなり低額で済んで、何より助かったのは事実。

それでも店内改装に400~500万円の費用がかかるため、トータルで800万円ほど資金が足りない。ただ、大手で信頼のある敷島製パンとパートナーシップを組んでからは風向きが変わり、信用金庫から800万円を借りる算段がついた。

パン工房の厳しい船出

開業準備をしている最中も、敷島製パンの課長さんはことあるごとに足を運び、ド素人の僕らにプロ目線の厳しくも温かいアドバイスをくれた。

ボランティアで技術指導に来てくれたOBたちの手厚いサポートもあり、2003年3月30日になんとか開業に漕ぎつけた。「花園パン工房ラ・バルカ」の誕生だ。

「La Barca（ラ・バルカ）」とは、イタリア語やスペイン語で「小舟」という意味。**小さな舟でも漕ぎ方次第で荒波は乗り越えられる——障がいがあっても働き方次第で稼ぐ場所は作れる**、という思いを込めてつけた名前だった。そこには「障がいがあったら月給1万円でも仕方ない」という世の中の先入観を吹き飛ばしてみせる、という決意があった。

雇用したのは、知的障がいのある3名の女性を含む5名。一人を除いて他のメンバーはパン作りの未経験者。敷島製パンで研修を受けたばかりの僕と妻も毎日お店に立ち、製造と販売に励んだ。まさに小舟が大海に漕ぎ出したのだった。

この陣容でパン工房を黒字にするのは、相当難しいだろうなと覚悟はしていた。しかし実際に船出してみると、その難しさは想像を遥かに超えていた。

売り上げは、当初想定していた半分にも届かない。何よりも、人件費が重たくのしかかった。15坪のパン工房は、通常は夫婦2人で切り盛りする規模。そこに5人も雇用したのだから、人件費がネックになるのは目に見えている。

当時の豊橋市の最低賃金は時給681円だった。

そもそも僕が開業した目的は、健常者と同じように障がい者が普通に稼げる場所を作ることだった。だから最低賃金は絶対に払うと決めていたし、多いと言われても希望する方がいるなら3人でも4人でも雇用したかったのだ。

障がいのあるスタッフはフルタイムで働くのが難しく、だいたい朝9時から午後15時（休憩含む）まで勤務してもらった。これで月給7～8万円。僕としては十分に払えているとは言えず満足はしていなかったが、本人も家族もとても喜んでくれた。

フルタイムで働く健常者の月給は17～18万円。僕と妻は無給だったが、合計すると人件費だけで月60万円前後にのぼる。

15坪ほどのパン屋で、これだけの人件費を稼ぎ出すのは、経験豊かなプロでも容易ではないだろう。ましてや、僕らは未経験の素人だったのだから、売り上げが上がらないのも無理はない。

マルチタスクが苦手なスタッフ

そもそもパン屋は、たくさん作ってたくさん売る、薄利多売のビジネスだ。

来店者の朝食の時間に間に合うように早朝3～4時から仕込み始め、5～6時間かけて作ったパンを1個150～200円ほどで売る。

労働生産性が低いうえに保存が効かないので、売れ残りは破棄するほかない。

採算が取れるパン屋の原価率は15～30％が標準的。スワンベーカリーがメインに使っている冷凍パン生地の原価率は50％を超える。自分たちで粉から作るスクラッチ生地で原価率はおよそ27％。僕らは冷凍パン生地とスクラッチ生地を組み合わせたハイブリッドだったが、それでも原価率は約40％に達していた。余計に数多く売らないと黒字化できない。

ところが「ラ・バルカ」は、障がいのあるスタッフがいる以前に、僕や妻も含めて未経験者ばかり。発酵が進みすぎてパン生地をダメにしたり、ようやく焼き上がったと思ったらどこで間違えたのか焦がしてしまったり、スタッフが高温のオーブンに触れて火傷をしたり、といった小さな失敗が、毎日のように起こる。

都市部では高級食パン専門店のように品数を思い切って絞った業態も増えてきている。けれど地方の一般的な街のパン屋さんに求められるのは、お客さんの幅広いニーズに応えるために1日40～50種類ものパンをラインナップすることだ。

ひと口にパンといっても、食パン、フランスパン、菓子パン、惣菜パン、ハード系パンなどすべて作り方は異なる。

ニーズに合わせて全部揃えるために必須なのは、マルチタスクでスピーディに動くことだ。

そうしないと厨房も接客もうまく回らない。

一方で、知的障がいのある人には、マルチタスクが苦手なタイプもいる。少しでも急かされるとパニックを起こすこともあり、思ったように作れない、だから売り上げも上がらない、という苦しい日々が続いた。

気づくと借金が1000万円以上に

人件費と材料費以外にも、毎月の電気代が15万円以上かかる。電気オーブンを毎日何時間も稼働させていると、電気代はかさむのだ。

もはや信用金庫から追加でお金を借りることはできない。蓄えも底をついた。そこで赤字を補填するため、クレジットカードローンから限度額まで借り、それでも賄えなくなると消費者ローンからも借り入れをした。借り入れ先は最大7社に及び、借入額は1000万円以上になってしまった。

妻は第一子を妊娠中だったというのに、僕ら夫婦は無給だったから、食費もギリギリまで切り詰めていた。僕らの胃袋を支えていたのは、1パック100円のミートボール（当時、散々お世話になったので、もう二度と食べたいとは思わない）。

仲良くなった商店街の人たちが、窮状を見かねてたびたびおかずを差し入れてくれたことがありがたかった。食事の面では、僕らの両親にもずいぶん助けられた。おかげで何とか夫婦ともども栄養失調に陥らず、妻も無事に出産できたのだった。

障がい者の雇用をもっと増やしたい

このようにパン工房の実情は、自転車操業で経営は火の車だった。ところが、気づけば、障がいのある人やその家族たちから、「働きたい」「うちの息子も働かせてほしい」といった問い合わせが毎日のように入るようになっていたのだ。電話をかけてくる方もいれば、お店に直接やってくる方もいた。

なぜ、小さな街のパン屋に多くの問い合わせが入るようになったのか。それは、障がい者の「居場所」ではなく「稼げる場所」を作ろう、という試みが全国的にも珍しく、メディアで再三取り上げられたからだろう。

メディアでいちばん古い付き合いなのは、中京広域圏を地盤とする東海テレビのディレクター、鈴木祐司さん。のちに、僕らの歩みを追ったドキュメンタリー番組『チョコレートな人々』（2021年）で、日本民間放送連盟賞テレビ部門グランプリを受賞し、さらに同タイトルのドキュメンタリー映画（2022年製作・2023年全国上映）を手がけてくれている。

鈴木さんとの出会いは偶然だった。

パン工房の開業の準備をしていた時、その隣の店に小さな机を置かせてもらっていた。そこは、車椅子ユーザー自らが運営する車椅子の修理メンテナンス工房。街のあちこちに同じような修理メンテナンス工房を設け、車椅子ユーザーがもっと街へ繰り出しやすくなる環境作りに取り組んでいたのだ。

その修理メンテナンス工房の取材にやってきたのが東海テレビ。そのスタッフが、「あなたは何の準備をしているのですか?」と声をかけてくれたのだ。

僕が話したのは、豊橋市の障がい者の月給4000円という現状を変えるために、障がい者が「稼げる場所」を作りたい、という思い。そこで興味を持ってくれて、僕らも取材してくれるようになった。地元の新聞にも、同じような経緯で取り上げられた。そうした番組や記事を見た障がい者やその家族たちが、僕らに連絡を取ってくれるようになったわけだ。

メロンパン屋をオープン

一人でも多くの障がい者に「稼げる場所」を提供したい、というのはやまやまだが、15坪のパン屋1軒だけでは、これ以上雇用を増やすことはどうにも不可能だ。

ただ僕はここでも「仕方ない」と諦めるのはイヤだった。「ラ・バルカ」のちょうど斜め前に空き店舗が出ていたこともあって、諦めるどころかかえって奮起してしまった。借金はまだあったものの、スタッフたちが作業に慣れてきているのを感じたのをいいことに、新たに店舗を増やすことにしたのだ。

そうして２００４年、オープンさせたのがメロンパン専門店だった。広さは最初のお店の2倍ほど。空き店舗対策を進める商店街が、月10万円という破格の賃料で貸してくれた。以前と同じように、敷金も礼金もなし。

そこで採用したのは、おもに知的障がいのある15人。そこでメロンパンの製造と販売をスタートさせた。後述するが、このメロンパンがヒット商品となり、僕のビジネスの起死回生を助けてくれることになる。

ＮＰＯ法人を立ち上げる

パン屋をスタートさせた当初は、僕が個人事業主となって経営する、という形だった。しかし、「働きたい」という多くの声に応えながら、より多くの人の「稼ぐ場所」を用意するのには限界がある。僕は、国の福祉制度を使うことを考えるようになっていた。

勉強してみて分かったのは、個人事業主や株式会社などの営利団体では、既存の福祉制度は利用できないということ（当時）。

一般的に地域の福祉事業を担っているのは社会福祉法人だ。ただ、高い公共性を有するがゆえに、基本金や事業用資産を用意する必要があるなど、社会福祉法人の設立には高いハードルがあることが分かったのだ。

そこで僕が設立したのが、「ＮＰＯ法人ら・ばるか」。ＮＰＯ＝特定非営利活動法人には資産要件がなく、設立のハードルは低かったのだ。


調べてみると、ＮＰＯ法人ができる福祉事業に、デイサービス事業があった。デイサービス（通所介護）とは、高齢者や障がい者などが、日中に日帰りで利用できる福祉サービスだ。

デイサービスは基本的に預かり事業であり、生産活動を前提としていない。でも、デイサービスで生産活動をしてはいけない、という規則もない。そこに目を付けて、新たに採用した15人は、デイサービスの利用者として働いてもらうことにしたのだ。

法律上は、デイサービスの利用者に、対価として給料を払うことはできない。

そこで「ＮＰＯ法人ら・ばるか」の利用者の家族で保護者会のような組織を作り、そこにお金をプールして就労時間に応じての給料を払うことにした。

当時、デイサービス事業には、利用者一人あたり1日約５０００円の行政給付金が支給されていた。最悪、メロンパンが1個も売れなかったとしても（実際は製造が間に合わなくなるほど大人気だったが）、1日6時間働いた分の給料くらいは払える計算。**一人月5～10万円の給料を払えるようになった**のだ。

もちろん十分とはいえないが、それまで手にしていたのが月3000～4000円の工賃だった彼らや彼らの親御さんたちには、それはそれは喜んでもらえた。

障がい者が「稼ぐ」選択肢があったっていい

大学院時代、地域の社会福祉法人などを訪ね歩き、利用者に毎月いくら支払われているかを尋ねて回ったのは前述した通りだ。対応してくれた方々からは、いい顔をされなかった。そこには「福祉の場でお金のことを聞くなよ」という気配のようなものが感じられた。

その頃も今も、福祉とお金を結びつけるのはタブー視されている。でも僕が思うのは、その考え方が障がい者を特別視する見方につながり、ノーマライゼーションの実現を妨げる一因になっているのではないか、ということだ。

福祉とお金を切り離し、障がい者の「やりがい」とか「生きがい」のための「居場所」を作る。そんな言葉を聞くと、僕は違和感を覚えるのだ。**資本主義の社会で自分らしく生きるには、誰にだってお金が必要。お金を稼ぐという「リアル」があって初めて、リアルな「やりがい」**

や**「生きがい」を持てる**ものだと思うからだ。

もちろん選択肢は一つではない。「稼ぎたい」「働きたい」と望む障がい者がいれば、「のんびりしたい」「家族と一緒にいたい」と望む障がい者もいるだろう。障がいがない人もそう思うのと同じだ。

ただ、**これまでの福祉の問題は選択肢に乏しく、「稼ぎたい」「働きたい」という障がい者の思いに寄り添う受け皿があまりに少ない点にあった。**

そこを変えたい、というのが、僕がパン屋を立ち上げ、NPO法人を作った理由だったのだ。

「おたくは商売だから」と揶揄されて奮起する

しかし、僕はNPO法人を立ち上げてから1年後の2005年、今度は社会福祉法人「豊生ら・ばるか」を立ち上げることになる。ハードルが高いからやめたはずだった社会福祉法人を立ち上げることになったのは、またしても僕の闘争心が発動したからだった。

NPO法人を作ってからも、地域の授産施設や社会福祉法人の関係者たちからは、**「おたくは商売ですからね」**という言葉を繰り返し投げかけられた。月4000円の賃金しか払っていない彼らからすると、その10倍以上の賃金を払っている僕らの存在が目障りだったのだろうか。

運営母体の冠が何であれ、「作品」ではなく売れる「商品」を作り、そこで得られた収益を汗を流して働いてくれた人たちに還元する。通常の商売で行われていることが、福祉になると揶揄(やゆ)されるのが悔しくてならない。

さらにメディアで僕らが話題になる機会が増えると、最終的には「**おたくは社会福祉法人じゃないから**」という突き放した言い方をされるようになった。その言葉は、「自分たちは社会福祉法人だから商売はできない。だから月給4000円でもいいんだ」という自己正当化にしか僕には聞こえなかった。

そこで僕の闘争心にまた火がついてしまった。「じゃあ、社会福祉法人でも『稼げる場所』がちゃんと作れることを証明してやろう」と思い立ったのだ。

何度でも言う。収入が高ければよいと安易に言いたいのではない。重要なのは、一人ひとりに多様な選択肢があることじゃないか、と考えていたのだ。

NPO法人から社会福祉法人へ

現在はまた条件が変わっているが、僕が思い立った時の社会福祉法人の設立要件は、1000万円以上の金融資産があること、土地評価額が1000万円以上の土地建物を所有すること、6人以上で理事会を構成することといったものだった。

その頃知り合ったのが、ある町工場の社長さん。息子さんはダウン症だった。彼が町工場を畳むというので、「ぜひ協力してください」と頼み込むことにした。

僕は無一文だったが、社長さんには1000万円以上の現預金があり、また、町工場には鉄骨造の2階建ての社員寮があって、土地評価額は1000万円を超えていた。こうして設立要件を満たせると分かり、社長さんと僕が中心になり、社会福祉法人を立ち上げることになったのだ。

最初は僕が理事長になろうと思ったのだが、収入0円では理事長には就けないルールがあった。そこで理事長は別の方にお願いして、僕は理事になった。あとで調べてみると、僕は社会福祉法人の史上最年少の設立者だったようだ。

こうしてパン工房の運営は僕の個人事業からNPO法人へ移り、最終的には社会福祉法人が担うことになったのだった。

地元のとんカツ屋さんと異色のコラボ

社会福祉法人になっても僕の志はまったくブレていなかった。僕が注力していたのは、いかに売れる商品を作り、障がいのある人たちの「稼げる場所」を増やすか。そこで、より多くの障がい者を雇用するために、パン屋という形態にこだわらずにビジネスを広げることはできないか、常にアイディアを捻り出そうとしていたのだった。

その一つとして、この頃挑んだビジネスに飲食業がある。何がいいかあれこれ思案して、いろいろな出会いの一つから、とんカツ屋さんがいいのではないかとアイディアが浮かんだのだ。

豚肉を決められた厚さに切る。豚肉に小麦粉、卵液、パン粉を順番に付ける。決められた時間だけ揚げる。キャベツをせん切りにする。

こんなふうにとんカツ作りのオペレーションを細分化し、障がいの程度に応じて相応しい役割を担ってもらえたら、美味しいとんカツが出来上がるはず。そう閃いてしまったのだから、やらない手はない。このとんカツ作りは、後に久遠チョコレートのオペレーション作りのヒントにもなった。

とはいえ、ただでさえ借金だらけの僕が一から投資してとんカツ屋を始めるのは無理というもの。そこで、さらにアイディアを捻り出し、すでに営業中のとんカツ屋さんとのコラボを考えたのだ。地元の商店街には経営に困難を抱えているとんカツ屋さんがあった。

ＮＰＯ法人だとデイサービスしかできなかったのに対し、当時、社会福祉法人や就労支援事業所では、利用者が施設の外で働く施設外就労という制度を使えた。その場合、障がい者３人につき、健常の支援者一人がユニットを組む仕組みになっていた。

仮に、6人の障がい者をとんカツ屋さんに派遣すると、自動的に2人の支援者がついてサポートできるようになり、障がい者が不得手な調理作業を担うことができる。

社会福祉法人になると障がい者一人につき、障がいの程度により月平均22～23万円が支給された（当時）。この制度を使えれば、僕らはとんカツ屋さんから業務委託料だけをもらう。とんカツ屋さんの立場に立ってみると、ローコストで業務を回せるので、赤字解消に大いに役立つわけだ。そこでその店主に僕のアイディアを持ちかけてみたところ二つ返事でOKをもらえたのだ。

僕らの立場からしても、初期投資の費用も家賃も不要で、常連さんをはじめとするお客さんはすでに付いているうえに「働く場所」「稼げる場所」が得られる。これぞウィンウィンの関係だ。

障がい者の「稼ぎ方改革」を進める

コラボは、とんカツ屋さんに留まらなかった。地方には困っている飲食店はいくつもある。オムライス屋さんでも同じような試みを行って非常に喜ばれた。

手応えを感じた僕は、飲食店以外にも障がい者の仕事の場を増やせないか、さらにリサーチを重ねた。

その頃、インターネットを検索していて、名刺のネット注文が増えていることにふと気づいた。なかでも企業名刺の印刷であればそれほどデザイン性は問われないし、簡単なテキスト入力だけで校正ができる。加えて上期下期には必ず人事異動があり、安定した一定量の注文が見込める。

そこで、オフィス用品のネット通販会社にコラボを持ちかけた。この会社のプラットフォームを使えば営業も必要ない。そうして、名刺の印刷・発送を受注するようになり、一時は大手も含めた企業５００社ほどの名刺を印刷するまでになった。とある外資系超高級ブランドの名刺印刷も引き受けていて、発注とは違う社内の他部署に誤配された時は大目玉を食らったものだった。

名刺のように定期的に回転するものは何かと考えて、もう一つ目をつけたのがハウスクリーニングだ。学生や単身赴任者が入居するワンルームマンションは、退去の際に必ずクリーニングが必要になるはずだ。部屋の清掃も仕組み化しやすい仕事だと考え、賃貸会社と提携することにした。引越しシーズンの春はとくにかき入れ時で、大きな収入源となってくれたのだった。

メロンパン屋に加えて、そんなふうに事業を広げていったおかげで、着々と障がい者の「働く場所」「稼ぐ場所」を増やすことができていった。そうして、カードローンの借金や信用金庫からの借り入れも、なんとか返済することに成功したのだった。

「民福連携」

このように、全国には、経営に悩む企業や店舗もあれば、ちょっとした工夫とお互いの強みを組み合わせることでビジネスシーンが拡がるケースもたくさんあるはずだ。

そうしたところと事業提携を結び、僕らがとんカツ屋さんなどとコラボしたように、障がい者が稼げる就労支援の場へとシフトしていく。それは、障がい者一人ひとりに支給されている公的資金の有効な使い方だと僕は考えていた。

民間のお金と福祉のお金、民間のリソースと福祉のリソースがお互いに融合していくことこそ、僕らが目指すべきことだと考えたのだ。それは単なる「民間企業の下請け仕事を障がい者が担うこと」とはまったく異なる横軸の有機的なつながりだ。お互いにとってウィンウィンの関係であり、1×1が100にも1000にもなるシナジーを生み出す連携になるはずだ。

この概念を当時、僕は**「民福連携」**と名付けた。そして僕が、この「民福連携」を実践する場としてさらなる可能性を探った場所は、愛知県のお隣の長野県だった。

長野県の福祉アドバイザーに就任

きっかけは、当時、長野県知事に就任していた作家の田中康夫さんの知事としての新しい試みをニュース番組などで知ったことだった。1995年の阪神・淡路大震災でボランティア活動を始めた田中さんは、その後政治への意識を高め、2000年に故郷・長野県の県知事選に立候補して当選。以後、2期にわたって県知事を務めたのだった。

脱ダム宣言で公共事業費を抑える一方、知事として初めて本格的に組んだ県予算では、社会福祉施設整備費を一挙に倍増させるなど、福祉、教育、雇用といった分野に積極的な予算配分を行っていた。県庁1階にガラス張りの知事室を設けたりするなど、田中さんはしがらみのない文化人政治家らしい意欲的な試みを次から次へと行っていた。

そんな田中さんなら、「障がい者の稼ぎ方改革」という僕の考えにも共鳴してもらえそうな気がした。そこで「豊橋市の社会福祉法人で、障がい者が稼げる場所作りを行っています」と自己紹介と実績を書いてメールを送ってみたのだった。すると「ぜひ一度お会いしたいです」という返事がきたのだ。

僕は長野市まで足を運び、田中さんの命を受けた長野県の担当者と、膝を突き合わせて話をした。その頃、長野県の障がい者福祉は、社会部というところが担っていた。その担当者は僕の活動に興味を持ち、賛同してくれて、僕は長野県の社会部の障がい者福祉のアドバイザーに就任する運びとなったのだった。当時、田中さんは、僕のような民間の人材を積極的に採用していたのだ。

そこで僕が提案したのは、縦割りでバラバラに行われていた行政の融合を図ること。障がい者福祉を担う社会部と、観光を担う観光部、農政を担う農政部などの予算とリソースを融合させて、「民福連携」から派生して**「観福連携」「農福連携」**という言葉を作り、障がい者が稼げる場所を増やそうとしたのだ。

三選は叶わず田中さんは残念ながら２００６年に落選してしまう。田中さんが集めた民間の人材は彼の落選を機に県庁を去ったが、僕はその後もアドバイザーに留まり、２０１２年まで観福連携や農福連携を進めた。

とくに今では全国的にも広まっているこの「農福連携」という言葉は、僕が名付け親だと自負している。かなりメディアでも取り上げられるようになり、市民権を得ているのではないだろうか。農林水産省が２０１９年に策定した「農福連携等推進ビジョン」では、農福連携を農業分野での障がい者の活躍促進だけではなく、高齢者、生活困窮者、引きこもりなどの就労や社会参画支援などに広げるとうたっている。

全国初、障がい者が働くタリーズコーヒー開店

僕が起業した頃、読んで影響を受けた本が、小倉さんの本の他にもう一冊あった。タリーズコーヒージャパンを創業した松田公太さんの『すべては一杯のコーヒーから』（新潮社）だ。なかでも僕の心に響いたのは、松田さんの「パッション（情熱）」という言葉。何事もやり遂げるには、情熱が必要だというところに共感したのだ。そこで、いつかタリーズコーヒーでも障がい者雇用を実現したいと思い続けていた。社会福祉法人を立ち上げたあと、本社にアプローチしたところ、「どこか適切な場所があればやりましょう」という返事をもらっていた。

そういう経緯もあり、田中さんに最初のメールをした際、僕は「長野県庁の1階で障がい者が働くタリーズコーヒーを開きたい！」とお願いしたのだった。

県庁内でこそ実現はしなかったが、僕が長野県でアドバイザーを務めている間に、長野県松本市にある信州大学病院内にオープンした店舗で実現（現在は閉店）。タリーズコーヒーに最初にアプローチしてから6年の年月が流れていた。地元の障がい者就労支援ネットワークとも協力して、障がい者スタッフが働くタリーズコーヒー初の店舗となったのだ。

２００９年にオープンしたこの信州病院内の店舗をモデルケースとして、タリーズコーヒーでは障がい者が働く店舗を少しずつ増やしているようだ。

社会福祉法人を追い出される

さて、問題は地元の社会福祉法人へと戻る。とんカツ屋さんをはじめとする他業種との民福連携を進めたり、長野県で観福連携や農福連携を進めたりしていた頃、足元の社会福祉法人での僕の立場が危うくなってきていた。

社会福祉法人は運営費を国からもらっている。僕は、このせっかくの運営費を利用して、多様なビジネスを手掛け、障がい者が稼げる多様な場所を作るべきだと考えていた。だからこそ、パン作りだけではなく、とんカツ屋さんやオムライス屋さんともコラボし、タリーズコーヒーともコラボしたのだ。

新しいビジネスには失敗が付きものだ。イチローさんや大谷翔平選手のような野球の天才バッターでも、打率3割台がアベレージ。10回打席に立っても10回安打が出るわけではなく、7回くらいはアウトになるものだ。ビジネスでもそれは同じだろう。打率10割ではないからこそ、ビジネスの幅をより広げてできるだけバットを振る。バットを振らない限り、ヒットもホームランも生まれないのだ。

でも、僕以外の社会福祉法人の理事たちの目には、チャレンジを恐れない僕のやり方は、リスクが高すぎると映ったようだった。そもそも設立時から、他の理事との間には温度差があった。理事たちの多くは地元の会社経営者。彼らにとって社会福祉法人はあくまでも「社会貢献の場」だった。それなのに僕は「稼ぐ」ことにこだわっていたから、まさに水と油だったのだ。

僕が新たなチャレンジをすればするほど、理事たちとの心の距離は離れていった。ついには他の理事たちから、「せっかくメロンパンで成功しているのに、新しい業態に挑戦したり、他県にまで出向いて事業を広げたりする必要があるのか？」という疑問を面と向かって指摘されるようになってしまった。

追い討ちをかけたのは、社会福祉法人を管轄する豊橋市からの特別監査だ。

特別監査とは、「運営等に重大な問題を有する法人」を対象に随時行われるもの。直接のきっかけとなったのはどうやら、「法律にダメとは書かれていない」という理由でとんカツ屋さんなどとコラボして民福連携を進めた案件だった。監査の担当者曰く、「ダメとは書かれていないが、前例がない」。

1年間にわたって特別監査を受けたが、僕の出張記録がないといった些細な書類上の不手際が見つかったのみであり、法律に触れるような〝重大な問題〟は何一つ出てきはしなかった。

潔白は証明されたのだが、他の理事たちは特別監査を受けたという事実自体を大きなダメージと感じたようだ。それぞれが地元の名士である彼らは、自分たちの評判がガタ落ちになることを恐れたのだと思われる。

前例がないからこそ、誰かがファーストペンギンとなって進めない限り、障がい者雇用をめぐる問題はいつまで経っても看過されたままになってしまう。そう思うからこそ起こしたすべての僕の行動は、最終的には認めてもらえなかった。

今、振り返ると、僕も理事会の合意形成をおろそかにして多少ワンマンにやりすぎた、という反省がある。結果的に2012年、僕は自分が設立した社会福祉法人を追い出されることになったのだった。

第2章

［2012-2020］

人も多様、カカオも多様。人に合わせて仕組みを考え組織を作る

チョコレートとの運命的な出合い

自分で設立した社会福祉法人を追い出された僕は、2012年、「一般社団法人ラ・バルカグループ」を設立。パン屋の営業はその社会福祉法人が続けるため、今度は、自分が立ち上げた一般社団法人を母体にチョコレート作りを始めた。

ここまで読んだ読者の心のなかでは、「いつの間にチョコレート屋を始めることになったのだ？」という疑問が渦巻いているかもしれない。ごもっとも。そこで、社会福祉法人を追い出される前に、また時計の針を少し戻そう。

パン工房の経営に四苦八苦しながらも、僕は各地の異業種交流会にちょくちょく顔を出していた。障がい者が稼げる場所を少しでも広げるヒントがほしかったからだ。

パン工房を始めて数年後、東京で参加した異業種交流会で、久遠チョコレートにつながる貴重な出会いがあった。知人が「紹介したい人がいる」と、トップショコラティエ（チョコレート専門の菓子職人）の一人である野口和男さんを引き合わせてくれたのだ。

実は僕は、チョコレート作りは障がい者が稼げる仕事なのではないかと密かに考えていた。**チョコレートは単価が高く、時間給を上げやすい**からだ。

パンの販売価格は1個150〜200円ほど。一方でチョコレートは1個400〜500円の商品も珍しくない。また、パンは焼き上がるまでに数時間かかるのに対し、チョコレートは40〜60分で仕上げることもできる。

野口さんは、各種チョコレート専門ブランドだけではなく、ハイクラスホテル、星付きレストラン、ファッションブランドといった他業界の名門チョコレートもプロデュース。そしてチョコレートを特別な人のためだけの特別なものではなく、よいものに誰もが触れることができて、それを作り、手軽に楽しめる「カジュアルな文化」として根付かせたいと考えていた。

そんな野口さんに僕は、障がい者が売れる「商品」としてチョコレートを作り、稼ぐ場所にしたいのだ、と熱く語った。僕の考えに彼はすぐに賛同してくれた。

チョコレート作りは科学

初対面なのに話は盛り上がり、立ち話では終わらなかった。野口さんが次の仕事場へ移動する時間が来てしまったので、僕は図々しくも野口さんが運転する車の助手席に乗り込み、話を続けさせてもらった。

そこで野口さんが教えてくれたのは、「料理には感性が求められるが、チョコレートに求められるのは科学。正しい材料を正しく使えば、誰でも美味しくできる」ということ。さらに彼が言ったことは、僕の心を動かした。「トップショコラティエなら一から十まで一人でできないといけない。でも、**チョコレート作りの工程を細分化し、一人ひとりが自分の担当工程のプロになれば、素人でも美味しいチョコレートは作れる**」。

すべてのショコラティエが、同じような考えを持っているわけではないだろう。ただ野口さんは、前職がチョコレートを製造する機械を作っていたエンジニア。40代半ばから独学でチョコレート作りを学んだという異色の経歴の持ち主だ。エンジニア的な視点で捉えるからこそ、チョコレート作りは科学であり、オペレーションの細分化をすれば誰でも作れる、という発想が出てきたのだろう。

前述したように僕はその頃、とんカツ屋さんと異色のコラボをしていた。その経験から、オペレーションを細分化すれば、障がい者が働くフィールドは広がるはずだ、という手応えを得ていた。そういうわけで、野口さんの話を聞いて僕は「これだ！」という確信を得たのだった。

「人の時間軸」に合わせてくれるチョコレート

野口さんは、「チョコレート作りを一度体験してみな」と自らの工房へ誘ってくれた。後日、野口さんがハイブランドやハイクラスホテルのチョコレートをＯＥＭ（相手先ブランドでの提供）している工房にお邪魔して、チョコレート作りを体験させてもらうこともできた。

そこでは、工房に隣接する日本語学校に通う多くの外国人たちが、アルバイトで楽しそうに働いていた。肌の色や母国語など多様な背景を持つ彼らが、それぞれの担当パートをこなしながらチョコレートを作り上げている光景に遭遇した僕の脳裏には、多様な特性を持つ人たちが協力しながらチョコレートを作っている場面が鮮やかに浮かんだ。

何よりも**チョコレートのよさは、「人の時間軸」に合わせてくれる点にある**と僕は感じていた。料理は一般的に、「食材の時間軸」に人が合わせる必要がある。パン作りで求められるのは、生地を最適な状態にして発酵させて、オーブンで適切な火入れをすること。どこかにミスがあると、売り物にならないものができてしまう。焦げてしまったパンは元の生地に戻せない。けれど**チョコレートは、温度を下げることで一度固まっても、また温度を上げて溶かせば成型し直すことができる。失敗しても、何度でもやり直しがきく**のだ。その点でも、チョコレート作りは、障がい者にも取り組みやすい仕事だと僕は考えた。

小さなチョコレート工房がスタート

チョコレート作りで障がい者も稼げる場所を作りたい。
そう決めた僕は、社会福祉法人を追い出されて一般社団法人を立ち上げたのを機に、新たにチョコレート作りのための工房として、前にメロンパン屋が入っていた場所を借り直した。そこに、野口さんの工房が手一杯でオーバーフローした（溢れた）仕事を回してもらうことにしたのだ。

手始めに一人だけスタッフを雇用。さらに、社会福祉法人に残してきた障がい者たちに発注し、細かく刻んだフルーツをチョコレートにトッピングしたり、完成品を収める箱を組み立てたりする簡単な仕事からスタート。スタッフが慣れてきてからは、チョコレートを溶かしたりする作業も行うようになった。

野口さんからの仕事を3年ほどこなしながらノウハウを積み、しっかり基礎固めをしてから自分たちのブランドを立ち上げよう、というのが僕のプランだった。

けれど、チョコレート作りを始めて1年もしないうちに、思わぬ形で自分たちのブランドである「久遠チョコレート」を立ち上げる事態となったのだった。

突如、新チョコレートブランドが立ち上がる

その頃、僕らの試みに目を向けたテレビや新聞といったメディアへの露出が増え、僕は福祉関連の講演会やシンポジウムに呼ばれる機会も増えていた。そこで折に触れ、チョコレート作りは、障がい者が稼ぐ場所としていかに相応しいかを熱く説いていたのだった。ついつい熱く

なってしまうのは、今も昔も僕の悪い癖(くせ)だ。

そうした内容に興味を持って声をかけてくれたのが、京都市で障がい者が働き続ける就労支援事業を手がけていた組織だ。このＮＰＯ法人は、寂(さび)れた地元商店街の再生プロジェクトを手がけていた。その申し出というのが、京都市内の古い商店街にある空き店舗をリノベーションし、一緒に障がい者も働けるチョコレート店をやってくれないか、というものだった。

僕らのパン工房がスタートした経緯も、花園商店街という古い商店街の再生プロジェクトの一環。同じような話だと思い、僕はこの申し出を受けることにした。

この時スタッフと話し合って決めたブランドネームが、「久遠チョコレート」。名前を決める時ヒントになったのは、その頃、僕の知り合いが手がけていた「ＱＵＯＮ」という自然派化粧品のブランドだ。面白い響きだと思い、調べてみると、「遠い過去と未来」「脈々と続くもの」といった意味があると知った。そこで僕らの事業も脈々と続いてほしい、という願いを込め、久遠チョコレートと命名したのだった。

こうして２０１４年12月、本店もまだないのに、京都に久遠チョコレートの〝フランチャイズ〟１号店がオープンしたのだ。

ブランドコンセプトを決める

1号店オープンにあたって、僕は野口さんと何度も話し合いながら、久遠チョコレートの核となるコンセプトを練り上げた。それが、「デイリー&カジュアル」だ。

僕が目指すのは、**障がいの有無で分けるのではなく、凸凹やグラデーションのある人たちが、イキイキと働ける世界**。チョコレートも、原料となるカカオの産地が違うだけで風味も異なり、フレーバーやトッピングする食材で無限のバリエーションを生み出せる。そんなチョコレートの多彩で芳醇な世界を、日常的に肩の力を抜いて楽しんでもらいたいという思いを「デイリー&カジュアル」という言葉に込めたのだ。

世界各国のカカオや国内の食材から上質な材料を厳選し、コンビニチョコや大手製菓メーカーのチョコレートを超える高いクオリティを追求する一方、ベルギーやフランスといったチョコレート先進国発祥の高級チョコレートよりも安価に楽しめるものを目指すことにした。

今は久遠チョコレートの代名詞となっている「テリーヌチョコレート」も、京都店をスタートさせる時に看板商品として考えたもの。現在は、そのフレーバーは150種類以上に増えているが、1号店では、ゆず、抹茶、ほうじ茶、スイート、ミルク、ホワイトの6種類を「京テリーヌ」と名付けての販売スタートだった。

フランチャイズ店が次々オープン

京都という土地柄は、世界中から人びとが集まる日本有数の観光地だ。それだけ注目度も高く、古い商店街の一角で始まった久遠チョコレートの小さな試みは、僕の想像以上に大きな関心を集めるようになり、多くのメディアに取り上げてもらった。

１枚からバラで好きに選べるテリーヌチョコレートの新しさ、デイリー&カジュアルといったコンセプトをジェイアール京都伊勢丹が面白いと認めてくれて、２０１４年12月にオープンしたばかりなのに、翌年、２０１５年2月のバレンタイン催事「サロン・デュ・ショコラ」に「出店しませんか？」と声がかかり、参加させてもらうことになった。

僕は、久遠チョコレートはいわゆる「社会貢献ブランド」ではなく、美味しい商品を提供するショコラトリーの一つだと自負している。本物の材料を使う分、価格も相応に設定しているし、安易な値引きもしていない。**障がい者が作っていることを力んでアピールしていないし、力んで隠しもしていない。**どう捉えるかは受け取る側の問題で、こちらから何かを押し付けるものではないと思っている。このスタンスは、京都店を作った時から現在まで変わっていない。

ただ当初、「障がい者が作っている商品」というブランドストーリーが、百貨店にとって魅力的に映ったのであろうことは想像に難くない。

京都店が成功を収めて耳目を集めたことで、「うちもフランチャイズ店をやりたい！」という声が全国の社会福祉法人などから寄せられるようになった。

こうして大阪府高槻市、広島県尾道市、東京都町田市に、フランチャイズ店が矢継ぎ早にオープン。1年ほどで、京都店と合わせて4店舗が出来上がったのだ（現在は尾道店のみ営業中）。

ついに豊橋に本店がオープン

久遠チョコレートは、それまで縁のなかった京都から思わぬスタートを切ったのだが、僕はもともと地元・豊橋市だけのビジネスで終わらせるつもりはなかった。

もちろん豊橋市に集約して僕の目の届くところで商売をしていれば、ブランドイメージはブレないし、生産効率も上がるのは確かだ。でも**僕が作りたいのは、大勢が乗れる豪華客船1隻**(せき)**だけではない**。それでは、豊橋市周辺エリアにしか多様な人たちの「稼ぐ場所」が生まれないからだ。

「小舟（ラ・バルカ）」をイメージしてスタートした僕のビジネスだったが、続けていくうちに、小舟よりもむしろ「筏（いかだ）」と言うのがぴったりかな、と思うようになってきた。僕がやりたいのは、小さな筏を全国にたくさん浮かべてネットワーク化すること。そうすることで、障がい者や生きづらさを感じている人たちの稼げる場所が、全国に広がることを期待しているからだ。

ただ、フランチャイズ店を4店舗作ってみると、微妙なブレが感じられるようになった。テリーヌチョコレートのレシピは全国共通とはいえ、店舗の空間作りやディスプレイの仕方などに微妙な違和感を覚え、価値観の違いを感じるようになったのだ。

このままでは久遠チョコレートというブランドの軸がブレブレになってしまう。そんな危機感を抱いた僕は、ブランドの核となる久遠チョコレート本店を豊橋市に作ることにした。

そんなわけで2016年5月、ようやく地元のときわアーケードに本店がオープンした。フランチャイズ店のあとに本店ができるというのも順番が逆で、妙な話なのだが。

豊橋本店の仲間たち

本店がオープンしたのは、最初のパン工房があった場所から徒歩数分の場所だ。障がい者3名を含めて総勢9名からのスタートだった。

作業工程を細分化しやすいチョコレート作りは、砕く、量る、混ぜる、切る、トッピングをする、パッケージを作る、パッケージに収めるなど、障がいの有無にかかわらずそれぞれの適性に合わせて分業できる。コミュニケーションが苦手な人には、一人で完結する作業を担当してもらえばいい。

障がい者はスピードを求められたり、複数の作業を一度にこなしたりするのは苦手だが、丁寧にゆっくりやる作業は得意な人が多い。余計な油を使わず、なめらかで美味しいチョコレートを作るために必要なテンパリングという作業には、丁寧で粘り強い手仕事が求められるので、障がい者の得意を活かせる部分も多い。

得意不得意の凸凹があっても、それぞれのスタッフに、どれか一つの仕事のプロになってもらえばいい。あとは美味しいチョコレートを心を込めて作って売るだけだ。

当時すでに、フランチャイズ店での試みが評判を呼んでいたため、多くの食材メーカーから次々と、世界各国のカカオや、日本各地でこだわって生産されている食材が持ち込まれるようになっていた。たとえばベトナムのオーガニックカカオや、若者が再興させた豊橋茶、豊橋産の次郎柿、京都の番茶や焼き道明寺、焦がしきな粉、新潟の甘納豆、熊本の菊芋やクレソンなど。そこから厳選した何ヵ国ものカカオと、生産者を訪ねるなどして出合ったお茶やフルーツなどを組み合わせ、最初は6種類だったテリーヌチョコレートのフレーバーは、この頃には20種類ほどに増えていた。

日本財団からの「S」評価

非常にありがたかったのは、久遠チョコレートの創成期にあたる２０１４年から5年間、公益財団法人日本財団からの助成金を得られたことだ。これは社会貢献自動販売機「夢の貯金箱」からの支援によるものだった。

「夢の貯金箱」とは、飲み物を1本買うと10円が寄付金となる自動販売機。全国各地に設置されており、そこで集まった寄付金の使い道は、寄付者の投票である「ゆめちょ総選挙」で決められる。そこで上位3位以内に入ると、寄付金が分配される仕組みだった。

２０１４年、久遠チョコレートの「障害者をショコラティエに！～ショコラを活用した障害者就労の変革プロジェクト」という事業は、この「ゆめちょ総選挙」で第3位に入り、スタートアップ支援を得られるようになったのだ。

駆け出しで資金が必要な時に助かったというのはもちろんだが、それ以上に嬉しかったのは、社会課題の解決を目指すパイオニアである日本財団から、久遠チョコレートの取り組みについて高く評価してもらったことだ。これは、自分たちのやっていることは間違いではないという大きな自信となった。

日本財団は、実施した助成事業について、「寄付金が、期待される成果を挙げているか、そしてその成果がいかに国民生活の向上に貢献したか」の効果測定をしている。

全体評価のレベルは、全部で5段階。低いほうから、レベルD（劣っている）、レベルC（改善すべき問題がある）、レベルB（標準的である）、レベルA（優良である）、レベルS（秀逸である）となっている。

僕らへの助成事業を評価したのは、リサーチ・アンド・ディベロプメントという外部評価機関だった。評価期間はおよそ1年にわたり、本店の帳簿などのデータを監査するだけではなく、全国の全店舗に足を運んでのチェックがこと細かに行われた。

日本財団から高額の助成金をもらっていたにもかかわらず、実は不採算店もあったから、僕は厳しい評価が下されることを覚悟していたのだった。

蓋を開けると意外にも、2017年に得た評価はレベルS（秀逸である）。これは日本財団としては初めての最高評価だったそうだ。

それまで日本財団では、全国およそ2000ヵ所において、障がい者就労に関わる改修や機器整備に関わっていた。それらは働く場所の拡大にはつながったものの、障がい者の工賃アップには結びつかなかったという反省があったそうだ。

その点、僕らの取り組みは、課題はあるものの、消費者が求める商品価値の高いものを作ってマーケットで受け入れられているうえに、障がい者が稼げる場所を提供している。そこを高く評価してもらえたのだ。五里霧中でがむしゃらにやっていた時期に、僕らの思いを正当に評価してもらえたのが、背中をそっと押されたようで涙が出るほど嬉しかったことを今でもよく覚えている。

フランチャイズ店に商品がない！

フランチャイズビジネスというのは通常、本店で成功したビジネスモデルをパッケージ化して、少しずつ広げていくもの。けれど、本店を作る前にいきなりフランチャイズ店を始め、そのあとで慌てて本店を作るというイレギュラーな展開で始まってしまった久遠チョコレート。何もかも初めてのことばかりで、走りながら仕組みを徐々に整えていくしかなかった。

とくに初めの頃は、散々失敗をした。

なかでも深刻だったのは、商品の受発注と製造のミスマッチ。売れているのに肝心の商品がない、という状況がしばらく続いていたのだ。

当時、まだ生産体制や出荷体制が脆弱なのにもかかわらず、出店希望があると基本的にOKしていたため、年間5~8店舗フランチャイズ店が増えていっていた。加えてありがたいことにお客さんの反応がよく、想像以上に商品が売れていたのだ。

各フランチャイズ店にとって、直営店から発送する商品が頼りだ。ところが、各フランチャイズ店から注文が入ってきても、肝心の直営店がその発注にきちんと応えられない、という事態がたびたび起こっていたのだ。

フランチャイズ店から「今こんな状況です!」というコメント付きで、すっからかんになった陳列棚の写真がメールで送られてきたことも一度や二度ではない。そのたびに、僕はひたすら「ごめんなさい!」と謝るほかなかった。現在は各フランチャイズ店は、全体の売り上げ構成の6割ほどを製造し、販売。残りの4割は直営店とフランチャイズ店のなかでもさらにパートナーシップ契約を締結した製造ラボで作り、各フランチャイズ店に配送する、という仕組みになっている。

百貨店の一大イベントで大目玉を食らう

豊橋本店がオープンした翌年の2017年、阪急百貨店うめだ本店の「バレンタインチョコレート博覧会」から声がかかった。チョコレート好きの人には、〝バレ博〟の愛称で親しまれる国内有数のバレンタイン催事だ。

できたてほやほやのルーキーブランドが、天下のうめだ阪急から声をかけてもらうのは異例のこと。もちろん二つ返事で引き受けて、勇んで参加したまではよかったのだが、これが大変な事態を引き起こしてしまうことになるとは予想もしていなかった。

催事が始まって1週間で、久遠チョコレートの売り場だけ、なんと陳列棚がすっからかんに。想像以上に売れ行きがよく、早々に本店の製造が追いつかなくなり、欠品が起こってしまったのだ。本店ができて2年目で、それほど売れる自信はなかったため、読みが甘かったとしか言いようがない。大勢のお客さんが集まる百貨店の催事で陳列棚が空っぽになるなんて、あってはならない大事件だ。

とはいえ本店もサボっていたわけではない。催事期間中、みんな臨戦態勢でフルに働き続けたのだが、それでも頑張って百貨店に送れるのは1日10~20箱。焼け石に水。結局、およそ1ヵ月間の催事期間中、欠品状態は解消しなかった。

僕らの販売ブースは幅1メートル50㎝の陳列棚を2台。うめだ阪急の過去のデータでは、1ヵ月で1000万円くらいの売り上げになる計画だった。でも、欠品の影響で1ヵ月の売り上げは計画の4分の1の250万円程度に留まったのだった。当然、担当のバイヤーさんには大目玉を食らうことになった。

この年のバレンタイン催事では、うめだ阪急以外にも、ジェイアール京都伊勢丹、小田急百貨店の新宿本店、町田店にも出店していた。

欠品は他の百貨店でも起こっていた。要するに、同時に4つの百貨店でバレンタイン催事に参加するだけの製造力を持ち合わせていなかったのだ。

身のほどをわきまえて断ればよかったのだが、その勇気が当時の僕にはなかった。せっかく声をかけてもらったのに、ここで断ったら「ルーキーブランドのくせに生意気な」と思われてしまい、二度と声がかからないのではないか。そういう不安があったのだ。

ブランドを作ったばかりで、百貨店のバレンタイン催事は、認知度を高める絶好のチャンス。好機を逃したくないという気持ちがあったことも断れなかった理由だ。

しかしこの苦い経験から課題の解決策を見つける間もなく、久遠チョコレートは次の大失敗を引き起こしてしまったのだった。

ピンチ!　1000万円の大口注文に間に合わない!

2020年、大手保険会社の創立記念日に、6枚入りのテリーヌチョコレートを全社員1万人に配るという注文を受けた。総額約１０００万円という大きな仕事に、心踊った。

生産管理を担当していたのは、２名の男性社員。２人とも異業種からの転職組だ。生産管理を担うのは初めてであり、もちろん一度に1万箱のチョコレートを納期までに納めるといった仕事の経験もなかった。しかも、凸凹のある人たちを積極的に受け入れる会社ゆえに、２人とも決して要領がよいタイプとはいえなかった。

失敗の根本は、製造はどこまで進んでいるのか、個包装はどこまで終えられたのか、箱はできているのかといった進捗状況を僕が把握しないままで進めていたこと。

「全国に浮かべた小さな筏」に喩（たと）えたが、多様な人が稼げる場所を全国に作るため、あえて生産拠点を分散させているのが久遠チョコレート。つまり、大口注文に応えるには、どの拠点に何をいくつ発注し、いつまでに届けてもらうのかという計画を立て、プラン通りに進んでいるかを把握する必要があるのだ。

僕も2人には「大丈夫だよね？」と声をかけていた。その都度、「大丈夫です！」という答えが返ってきていたので、安心していたのがいけなかった。２人の特性を踏まえて、「明日までに何個できるの？」「個包装は何％終わっているの？」などと、数字でもっと具体的なホウレンソウ（報告・連絡・相談）を求めるべきだったのだ。

納期まで10日を切り、最終的にチェックしてみると、テリーヌチョコレートの製造はなんとか終わっていたものの、個包装が間に合っていない、ということが発覚。進捗率はなんと10％ほど。しかも、個包装を終えても、袋に成分表示シールを1枚ずつ貼り、6枚セットにして箱詰めする作業が残っているのだ。非常事態だ。

僕も含めて、手が空いているスタッフを全員かき集め、24時間フル稼働で作業を進めた。それでも最終的に間に合わないと判明。助けてくれる業者を急いで探し出し、残りの作業をすべて委ねることになった。最終的に納期までに納品できたものの、短納期で頼んだ外注費が跳ね上がり、支出は2000万円に。結局大赤字になってしまったのだった。

未経験者ゆえのミスやエラーにどう対処するか

製造や生産管理がうまくできなかった理由は明白。僕らが未経験者の集まりだからだ。

久遠チョコレートのスタッフ全体で、製菓の経験者は10％未満。僕がキャリア採用ではなく、人物本位で採用しているため、大半は未経験者なのだ。製造現場も生産管理を行う部門も、経験豊かな強者(つわもの)たちで構成されているわけでもない。

僕自身だってチョコレート作りのプロでもなければ、パン屋の経験があるだけで、製造・販売を本格的に学んだわけでもない。

簡単にいえば、注文が入り、生産計画を立て、出荷を行うという流れのどこかに確認漏れなどのミスやエラーがあると、途端に欠品が起こってしまうのだ。人がやることだから、どうしてもミスやエラーは生じる。ミスもエラーもゼロにはできない。だからこそ、いち早くチェックして改善するしかない。

久遠チョコレートでは、段取りやホウレンソウが苦手なタイプも大勢働いているのは事実。ミーティングで、「手が回らなくなったら早めにアラートを出そう！」と繰り返し呼びかけたとしても、アラートをちゃんと出してくれないケースが多々あることにも気づいてきた。

そこで座してホウレンソウをじっと待つのではなく、こちらから「できてる？」と何度もチェックを入れる仕組みを作ることにした。ミーティング体制を再構築し、チェックのための書式を作り、現状確認を徹底するようにしたのだ。

そうするうちにスタッフも慣れてミスやエラーが少しずつ減り、生じたミスやエラーを早めに見つけて対処できるようになった。大手だったら当たり前に備えているはずの各フランチャイズ店からの受発注のシステム化にもようやく着手した。

各フランチャイズ店の受発注にほぼ滞り（とどこお）なく応えられるようになったのは、結局、本店をスタートして3年ほど経ってからのことだった。各フランチャイズ店からの注文が月2回入り、受注したら1週間以内に配送するルールに。そうしてようやく受注した商品・材料・資材の

90%以上を、ルール通り1週間以内に配送できるようになったのだ。

一方、桁外れの供給量が求められる百貨店のバレンタイン催事では、製造も生産管理も後手に回る状況がしばらく続いた。その間、年末からは休みもほとんどないブラック企業状態。僕も当然工場に入って、製造を手伝ったり、箱詰めしたりし通しだ。生きた心地がせず、クリスマスもお正月も祝う気持ちにはなれなかった。


数々の失敗を糧にしてきたおかげで、現在はようやく催事での大きな欠品はなくなった。前年の10月から対策を立てて作り始め、冷凍庫を借りてストックするようになったからだ。

バレンタイン商戦は全国各地のフランチャイズ店にとってもかき入れ時。欠品を出すわけにはいかない。そこで11月までに各店から事前注文をもらい、年内にその60~70%を製造して保存。年が明けてからは、うめだ阪急を始めとする百貨店のバレンタイン催事に全力を傾けるように。

それでも毎年バレンタイン催事の時期になるとギリギリの状況が続いて冷や汗をかいているのには変わりない。ただ、ここ最近は僕自身、工場ではなく、賑わう1月2月の百貨店の売り場に立って、ようやくお客さんたちと直接コミュニケーションできるようになったのは嬉しいことだ。

第3章

［2021-2023］

「無理だ」ではなく「どうしたらできるか」の逆算思考で組織を成長させる

福祉業界からの批判にさらされる

豊橋に本店がオープンし、久遠チョコレートの試みがメディアに取り上げられることが増えると、思わぬことが起きた。全国の福祉業界から、SNSなどを介して「久遠チョコレートは障がいが軽度の人ばかりを選んで雇っている」という声が聞こえるようになったのだ。会社のホームページのコンタクトフォームを通して、「軽度の障がい者しか雇っていないというのはいかがなものか」という意見を直接送ってくる人までいた。

スタッフを採用する際に僕が重視していることは、創業当時から今までずっと同じだ。「ぜひ久遠チョコレートで働きたい」という強い気持ちがあるかどうか。障がいの程度だけを理由に採用を諦めたことはない。

福祉業界の人たちにこそ「重度か、軽度か」で議論する以前に、まずは「障がいがあるから稼げない」という世の中に立ち向かうために一緒に汗を流してほしいのだ。彼らが言っていることは、かつてのNPO法人時代、「おたくは商売だから」と僕のやっていることを揶揄し、自分たちが障がい者たちに利益を還元できていないことを自己正当化していた人たちと同じだと思えた。

よりによって同じような業界からのバッシングに憤りを感じ、またしても闘争心が湧いた。

けれど、僕はディベート（議論）が好きではないし、得意でもない。反論ではなく、行動で示すしかない。**僕らの手で重度の障がい者でも「稼げる場所」を作ってやろう、**と考えた。

しかし、重度の障がいのある人たちが「稼げる」仕事とはどんなものなのか？　頭を抱えてしまった。

壊すことも作ることだ。パウダーラボ誕生

悶々（もんもん）としているうちに、一つのアイディアが閃いた。

チョコレート作りには、モノを「作る」というプロセスだけではなく、モノを「壊す」プロセスがあるじゃないか、ということだ。作るための手仕事には器用さが必要かもしれないが、壊すための手仕事にはそれほどの器用さは要求されない。そのプロセスなら、障がいが重い人にも担ってもらうことはできるのではないだろうか。

多種のフレーバーを揃えていることを売りにしている久遠チョコレートでは、ストロベリーチョコレートのために乾燥させたいちごをパウダーにしたり、ほうじ茶チョコレートのためにお茶をパウダーにしたり、という作業が欠かせない。このチョコレートに混ぜる茶葉やフルーツを「壊す」作業は外注していたのだが、ここに年間2000万円ほどかかっていた。この「壊

す」プロセスを内製化できれば、コストセンター（コストばかりかかり、利益を上げられない部門）にせずに、重度の障がい者が「作り手」になり、稼げる場所にすることができる。別にゼロ→1だけがモノ作りってわけじゃない。**壊すことだって、立派なモノ作りになるはずだ。**

こうして2021年、本店から車で5分ほどの場所を借りて立ち上げたのが「久遠チョコレート　パウダーラボ」だ。15人のスタッフでスタートし、その8割は重度の知的障がい、精神障がいのある人たちだった。チョコレートに混ぜる茶葉やフルーツを加工するこの工房は、今では久遠チョコレートを象徴する存在になっている。

実は、業界からのバッシング以外に、パウダーラボを立ち上げた理由がもう一つあった。僕が設立した社会福祉法人は、僕が離れたあとも運営を続けていたが、いつの間にか当初の気概を失い、「働く場所」でも「稼ぐ場所」でもない、通常の福祉施設になってしまっていた。僕を追い出して残った理事たちは、障がい者の「働く場所」「稼ぐ場所」を作るという熱意はもともとなかったのかもしれない。僕がいなくなったため、いつの間にか「障がい者の面倒を見る場所」に先祖返りしていたのだ。あろうことか、職員による利用者への虐待、一部管理者による横領疑惑まで表面化していた。

そんな実情に異議を唱える利用者の家族は、重度の障がいのある利用者の家族を中心に30人前後で家族会を結成。僕に戻ってきてほしいというラブコールを送ってくれていたのだ。

実情を知った僕は驚いて、理事会に「1年契約の無報酬でいいから、僕を戻してくれませんか?」とお願いしていたが、返事は当然ノー。それでは自分たちの失敗を認めてしまうことになるからだろう。

そこで僕は、家族会のリクエストに応えるという意味でも、重度の障がい者でも稼げる場所を作らなければならなかった。それが形になったのが、パウダーラボだったのだ。

僕らがやらなかったら誰がやるんだ

重度の障がい者の雇用について一石を投じたいという思いは強かったものの、迷いがなかったわけではない。

新たな挑戦にはお金もかかる。また、大所帯ではない僕らにとって、マンパワーをそこに取られてしまうと、他の人にいくらマルチタスクで頑張ってもらったとしても、商品開発力などクリエイティブな仕事力が低下する恐れもあった。

パン工房の時から僕がやりたかったのは、障がいの程度に関わりなく、誰もが自分らしく働けて稼げる世界を作ること。でも、パン工房を立ち上げたばかりの頃は稼ぐ力が足りず、組織にもゆとりがなかったため、重度の障がい者の方を十分雇用できなかったという現実があった。ただ久遠チョコレートを立ち上げて以降、少しずつだが資金力がついてきて組織も大きくなり、やりたかった世界観を実現する準備が整ってきた手応えを得ていた。

100％成功する自信があったわけではない。けれど、失敗するリスクを恐れていては成功はない。久遠チョコレートがもうひと皮もふた皮もむけるには、現状に甘んじないで新たなチャレンジを続けるべきだ。

迷いに迷った結果、「僕らがやらなかったら誰がやるんだ」という思いでの決断だった。自分を奮い立たせての半ば見切り発車でのスタートだったともいえる。

重度障がい者は「介護」だけの存在なのか？

実は、重度障がい者が作業所で得ている平均賃金は、国もデータを持っていない。重度障がい者がおもに通う作業所は「生活介護事業所」といわれ、生産活動をする／しないは作業所の自由で、給与を払わなくてもいい、という立て付けだからだ。障がいが重い↓働けない↓介護主体の生活という、そもそもの前提があるからだろう。

一方、民間の調べでは、重度の障がい者が作業所で得ている工賃は平均月3000～4000円ほどといわれている。これも一部の福祉系の団体に所属している生活介護事業所の平均なので、全体で見るともっと低い可能性もある。

でも、彼らが働く姿を見ていて、その価値はたった月数千円ではないし、もっと稼げる可能性があると僕は確信している。


現在、**パウダーラボでは彼らの平均賃金は月5万円程度。**まだまだ彼らの働きに十分見合った額を支払えていないという思いもあるが、重度の障がい者が働く施設としては、おそらく**日本でトップクラスの「稼げる場所」になっている**と自負している。

また、軽度・中度の障がい者の全国平均賃金は現在、僕がパン工房を始めたきっかけになった小倉さんの本に書かれていた1万円だった頃よりは少し上がったが、それでもまだ月1万6000円程度に留まっている。一方、**久遠チョコレートでは、愛知県の最低賃金以上の時給1030円×働いた時間を支払っているので、月16〜17万円になっている。**こちらも、彼らは従来の10倍以上稼げている計算だ。


パウダーラボは、福祉制度における生活介護事業。そこで働く障がい者は社員でもスタッフでもなく、正式には「利用者」という呼び名になる。

利用者という呼び方ではお客さんのようで、周りのスタッフにとっても「一緒に働いている仲間」という感覚を持ちづらいのではないかと思った。そこで僕は「利用者という呼び方はやめよう」「他に何かいい呼び方はないかな」とみんなに呼びかけた。そこで出てきたのが「バディ」という呼び方。仲間、相棒といった意味だ。

僕が願っているのは、豊橋市だけではなく、全国各地のフランチャイズ店にもパウダーラボのような場所が横展開しながら増えていくことだ。実際、何人かのフランチャイズオーナーはすでに同様の工房を作る準備を進めている。

なぜなら久遠チョコレートでは、全国各地の特産品をテリーヌチョコレートなどの原材料に使う試みを積極的に行っているから。そうした特産品を現地で加工するパウダーラボが増えていくと、それは久遠チョコレートならではの強みにもなると思うからだ。

社内ベンチャー扱いだったパウダーラボ

ただ、当初から社内でパウダーラボの存在がすんなりと受け入れられたわけではなかった。「また社長なんか始めたな」的に、新たな社会貢献事業と捉えたり、社内ベンチャー的な扱いをしたりするスタッフもいた。決して悪気があったわけではないのだろうが「パウダーラボさん」という呼び方で距離を取ろうとしたスタッフもいた。

重度の障がい者たちと突然一緒に働くことになったスタッフの戸惑いも理解はできる。

障がいが軽度なら、「こうしてください」とか「そうではありません」といったコミュニケーションを取れる。そして、最後に仕上がりをチェックすれば大丈夫だという安心感もある。ところが、障がいが重度になると、言葉でのコミュニケーションを取るのが難しい場合がほとんど。どこまでマンツーマンでやるべきなのか。どこまで任せていいものか。試行錯誤の連続だった。

実際、パウダーラボをオープンした当初、バディたちは作業場の外にある廊下の椅子に座り、作業場のなかに入ろうとはしなかった。重度の障がい者が利用者として通っている作業所では、たいてい座って作業をする。パウダーラボでは立ち仕事がメインであり、作業場に椅子はなかったから、彼らが戸惑ったのももっともだ。

それでも2週間くらいして、各自やるべきことが分かってくると、バディたちは自然に作業場のなかに入り、休憩を挟みながら多い日で1日6時間もの立ち仕事をこなしてくれるようになった。

実は、一人ひとりの障がい者と向き合うこと以上に大変だったのは、スタッフたちの意識改革だった。

パウダーラボをいつまでも社内ベンチャー的な扱いにしないために僕が腐心したのは、あえてスタッフを固定せずに、他の部署からも積極的に応援に入ってもらう仕組み作り。組織の「縦割り」という言葉があるが、それに対して僕は「横割り」と呼んでいる。

毎週1回のミーティングでも、「もっと交じりなさい」「横割りでいこう」と声をかけ、本店の工房で製造担当するスタッフたちや販売スタッフたち、事務スタッフたちにも、パウダーラボでの仕事を体験してもらった。

すると徐々に、スタッフたちの意識が変わり始めたのが分かった。初めのうちは「彼らに何をやらせたらいいでしょうか？」と言っていたスタッフたちが、「この工程をこう工夫したら、○○さんにもできるのではないでしょうか？」と言い始めたのだ。

バディたちを「よそから来たお客さん」として扱うのではなく、一緒に同じ商品を作って売る仲間として考えるパラダイムシフトが起こったのだ。

仕組みを工夫すれば可能性を引き出せる

パウダーラボで働くバディのメインの仕事の一つに、チョコレートに混ぜたりトッピングしたりするフルーツを細かくカットする、といったプロセスがある。商品を最終的に仕上げる前の絶対欠かせない工程ではあるものの、これまでは40分ほどの時間を取られていた。

その時間を惜しんで外注しようとすると、材料が行き来するコストがかかり、原価が上がる一因となる。コストセンターに陥らないように、パウダーラボではそれも内製化しようとした。フルーツをカットするには包丁を使う必要がある。するとバディの家族の一部から、それは危なすぎるという声が上がった。自宅では、安全面から調理を手伝わせることもなかったのだろう。

どうしたら安全にカット作業ができるのか。思案するうちに、ネット検索で「子ども包丁」の存在を知った。子どもでも怪我なく扱えるように、鋭角なところが全部取れている包丁で、「切れすぎない」ところがバディたちが扱うのにもぴったりだ。

現在では子ども包丁を使い、定規で大きさを確認しながら、重度の障がい者たちがフルーツを器用にカットしている。それには家族も一様に驚きの声を上げている。身近な家族でさえも、その可能性に気づかないこともあるのだ。

交じり合えば、見える景色は変わる

パウダーラボを立ち上げ、僕らがあらためて学んだのは、「知る」ことの大切さだ。

同じ環境で一緒に手を動かし、互いを知り合う環境に身を置くと、知らず知らず持っていた自分の先入観が変わり、ポジティブな提案ができるようになる。

えてして我々は、いろいろなことを重度の障がい者には無理に違いないと決めつけてしまうが、彼らの能力を過小評価しているケースも少なくないのではないかと教えてくれたのがバディたちなのだ。

パウダーラボを見学してくれた人たちは一様に驚いて、「どうやったら、重度の障がい者がこんなふうにイキイキと働けるのですか?」「どんなノウハウがあるのですか?」といった質問をぶつけてくる。そんな時、僕は、「とくに何もしていません」と答える。

ノウハウを秘密にしたいわけではない。本当に特別なスキルを使っているわけではないのだ。問題なのは「障がい者にはできないだろう」「無理だろう」と勝手に決めつけていた社会。その思い込みが、彼らの可能性を潰していただけなのだ。

思い込みを外してあげれば、彼らは思いもよらない可能性を発揮する。それをパウダーラボのバディは僕らに教えてくれた。

パウダーラボはコストセンターにならずに済んだ。だからといって高い収益を上げているともいえない。

でも、組織のトップとして俯瞰（ふかん）してみると、パウダーラボができたことで、**スタッフの頭が柔らかくなり、久遠チョコレートの足腰が強くなり、組織としての成長につながったという実感がある。**

僕らが体験したパラダイムシフトを日本全体が体験したら、国の経済や社会はよりしなやかな強さを身につけ、もうひと伸びもふた伸びもできる。僕はそう信じている。

障がい者雇用を理念や概念でいくら説明しても、働く人を「できる人／できない人」「使える人／使えない人」という先入観で見ている限り、障がい者は「できない人」で「使えない人」という烙印を押されるだろう。

しかし、うちのスタッフたちがそうだったように、凸凹いろいろなみんなと交じって働いてみると、「できる人／できない人」「使える人／使えない人」という1かゼロかの薄っぺらい見方では到底捉えきれない、「人」の価値と可能性に気づかされるのだ。

次なる問題発生

パウダーラボを作ってほどなくして、一つの問題が勃発（ぼっぱつ）した。それはSさんの問題だった。

Sさんは、お母さんが息子に働くことで社会参加させたいと、僕が追い出された社会福祉法人から久遠チョコレートへ移ってきてくれていた重度障がい者だ。自閉症と重度の知的障がいを抱えており、それに加えて数年前から、トゥレット症の症状が出るようになっていた。

トゥレットとは、思わず起こってしまうカラダの動きや発声のこと。トゥレット症では、自分の意思に反して首を激しく振る、飛び上がる、地面を強く踏みつけるといった運動チックが起こったり、甲高い声やうなり声といった発声を伴ったりすることがある。

本人の意思とは関わりなく起こるトゥレット症の発作が、問題を引き起こしてしまったのだ。

パウダーラボの場所を借りたのはビルの2階。1階では大家さんが接骨院を経営している。大家さんが接骨院で治療中に、Sさんの発作が起こることがたびたびあり、「患者さんが驚くから、なんとかしてほしい」という弱り声での相談が入るようになったのだ。突然2階の床をドンドンドンと強く踏みつける音と衝撃が響き渡るわけだから、どんなに理解がある方でも苦情を言いたくなるのは当然だ。

実際のところ、Sさんと一緒にいる時間が長い僕らはすっかり慣れてしまい、彼の発作による音や衝撃もバイクやヘリコプターの通過音のような生活音の一つになっていた。でも、周囲にトゥレット症の人がいなければ、驚くばかりでそうそう慣れることはないだろう。日常生活では健常者と障がい者という明確な区分けがあり、両者が交じり合っていないからこそ生じる問題だといえるだろう。

Sさんの発作による音や衝撃が、1階に響かなくなるにはどうしたらいいか。考え抜いて、彼が作業しているスペースに厚手のマットを敷いたり、クッション入りのシューズを買って履いてもらったり、あれこれ対策をしてみた。それでも大家さんはまだ困っているようだった。

さすがの僕も頭を抱えた。パウダーラボは発進したばかりで、重度障がい者たちの働く場所をなくすわけにはいかない。今度こそ無理か、Ｓさんには辞めてもらうしかないのか、というところまで追い詰められた。

パウダーラボ・セカンド誕生

どうすべきか。何日も心が揺れ動いた。

悩みに悩んだ末に、僕が最終的に出した答え。これしかない、と思ったその答えは、Ｓさんのために次の工房を作る、というものだった。パウダーラボ・セカンドだ。その障がいの程度にかかわらず誰でも広く受け入れる、と決めて作ったのがパウダーラボ。その原点に立ち返ると、発作を理由にＳさんに辞めてもらうわけにはいかない、という結論に達したのだった。

たとえ場所を変えても、２階以上だとＳさんの発作による衝撃音は響き渡る。そんな時、パウダーラボのバディの一人のご家族が協力を申し出てくれた。持っている物件の1階を格安で貸してくださるというのだ。改装費用も合わせてかかったのは８００万円ほど。最初のパウダーラボを作ってまだ半年ばかりで、かなり資金が苦しかったが思い切った。

Sさんが働ける場所を作りたいという思いで作ったセカンドだったが、だからといってコストセンターにするわけにはいかない。そこでセカンドは、パウダーラボで仕事を覚えた障がい者たちのステップアップのステージ、キャリアアップを図れる場所になるよう構想した。

パウダーラボは「壊す」のがメインの仕事だった。そのパウダーラボで仕事を覚え、学び、成長した障がい者に、セカンドでは、「作る」仕事を本格的に担ってもらおうと考えたのだ。

具体的には、焼き菓子用の生地を粉からミキサーでこね、分割して丸めた生地玉を作るための一連の仕事を担ってもらっている。セカンドで作られた生地玉は、焼き菓子用の素材として全国のフランチャイズ店へ発送される。そうして今では、コストセンターどころか利益を生む収益センターとなっているのだ。

いったん雇われた人間には、環境に合わせることを要求するのが普通の会社なのだろう。でも僕のやり方は違う。**環境に馴染まない人がいても弾き出したくはない。環境に人を合わせるのではなく、その人に合うように仕組みを考える。**そうすることで、周りの人間も組織自体も成長していくと信じているからだ。

当事者がフランチャイズ店オーナーに

これまで数々のチャレンジをしてきた僕だが、2023年、前代未聞ではないかと思われる挑戦をする決断をした。それは、障がいのある当事者に、フランチャイズ店のオーナーを任せるという試みだ。

ことの経緯はこうだ。2018年、愛知県犬山市在住で、うつ病や発達障害を抱える女性2人から、「久遠チョコレートの試みをメディアで知り共感しました。ぜひオーナーとしてフランチャイズ店をやらせてほしい」という連絡が入った。

後述するが、どんなフランチャイズのリクエストが来ても、僕は、1年間は断り続けることにしている。けれど、彼女たちには最初から「1年待ってもらっても無理だと思う」と伝えさせてもらった。障がいのある当事者がオーナーを務めるというのは、とてもじゃないが難しいと考えたからだ。

実は僕にも「明日は起きたくない」と思う夜が、今でもちょくちょくある。商売では追い風ばかりが吹くわけではない。むしろ向かい風の時間のほうが長いくらいだ。

オーナー＝経営者の立場に立つと、お金のこと、雇用のことなど、悩みの種は尽きない。うつ病を抱えた人が、そのストレスに立ち向かうのは並大抵のことではないと思ったのだ。

彼女たちが通っているクリニックのドクターや臨床心理士もこの試みをサポートしていたが、彼らからも「簡単ではないよ」というアドバイスは得ているようだった。

それでも、彼女たちは諦めず、メールや電話だけではなく、百貨店のバレンタイン催事のブースまで足を運び、「ぜひお願いします！」と直接頭を下げてくれる。思いのこもった手紙も幾度となくもらった。それでも、どんな厳しい現実が待ち受けているかを想像すると、すんなりGOは出せない。

僕らのGOが出る前に、彼女たちは着々と準備を進めていた。母体となる株式会社を作り、物件オーナーに家賃交渉をし、格安で好立地の候補地も見つけてきたのだ。


ここまで来ると、僕は自分が試されているのだと感じるようになった。

「無理そうだからやらない」ではなく、「どうすればできるか」を逆算して考える。それが僕のやり方だったはず。それなのに「当事者がオーナーになるのは前代未聞。だから無理だ」と決めつけるのは、これまで僕が反発してきた「福祉はお金じゃない」「障がいがあったら働けない」と決めつけていた人たちと同じになってしまう。

最初のリクエストから5年。ついに僕は、彼女たちにフランチャイズ店オーナーになってもらおうと決めた。

どうすれば2人のチャレンジが成功を収めるか。

まず、体力的に厳しく、マルチオペレーションが苦手な彼女たちがパニックを起こさないよう、お店のオペレーションを簡素化する必要がある。商品アイテムをそぎ落として、それでもお客さんに楽しんでもらえるようにするにはどうしたらいいか。

そんなことを考えていたある日、通りすがりの夏祭りの屋台を眺めていて閃いた。

彼女たちの地元犬山市は、国宝犬山城（織田信長の叔父・信康が築城し、その天守は日本最古とされている）を擁する愛知県有数の観光地だ。観光を楽しみながら食べ歩きするのが人気のスポットでもある。だったら、うちの焼き菓子店で作っているフィナンシェ「クオンシェ」を食べ歩きサイズに小さくし、たっぷりチョコレートをかけたらどうだろう、と思いついたのだ。名付けて「ベビフィナ」。ヒントは夏祭りの定番、ベビーカステラだった。このベビフィナをメイン商品にして、彼女たちの負担を極力軽くする。

さらに2人と話し合って、2人の体力不足を補える店長をもう一人雇用することにした。

できる限りの準備はしたが、もちろんまだまだ思いもよらない壁にぶつかるかもしれない。失敗するかもしれない。それでも、「無理そうだからやめる」は、久遠チョコレートではないのだ。

経済社会から「使えない」と弾き出されている人たちに、どうしたら「働く場所」「稼ぐ場所」を作れるかを考え抜く。迷うことがあっても最終的にはその場所を作れる選択肢を選ぶ。そうすることで組織の発想が柔らかくなり、強く成長していくと信じているからだ。

COLUMN

凸凹の弱みを強みに変える。僕らのチョコレートが美味しい秘密

多くの方は、チョコレートがどのように作られているか、意外と知らないのではないだろうか。そこで少し解説してみようと思う。

チョコレートの作り方

チョコレートの原材料は、カカオ豆。カカオの木には、ラグビーボール状の直径30㎝ほどの果実がなる。この果実をカカオポッドといい、硬い殻を割ると内部に30～40粒のカカオの種が入っている。その種をカカオビーンズ（カカオ豆）と呼ぶ。

カカオ豆を実から取り出し、発酵、乾燥。そののち、焙煎（ばいせん）してから砕いて種皮を除くと、カカオニブ（カカオ豆の胚乳部）が取り出せる。このカカオニブをすり潰すとペースト状に。これが**カカオマス**だ。カカオマスからとれる脂肪分を**カカオバター**と呼ぶ。カカオマスやカカオ

バターに糖分などを加えると、チョコレートの出来上がりだ。

久遠チョコレートが理念とするのは、ピュアチョコレートにこだわること。

ピュアチョコレートの特徴の一つは、油脂として使うのがカカオバターのみということだ。常温では固形のカカオバターは、体温で一気に溶けるという性質を持つ唯一の天然植物性油脂。ピュアチョコレートを口に入れた時のなめらかな口どけと豊かなカカオの風味は、カカオバターが大きく貢献してくれているのだ。

それに対し「準チョコレート」と呼ばれるものがある。ピュアチョコレートと大きく違うのが、作業性を上げ、生産コストを下げるために、カカオバター以外の代用油脂を添加する点だ。夏でも溶けにくい、という利点がある一方で、口どけも味わいもピュアチョコレートとは大きく異なる。コンビニに売っているチョコレートにはよくこの表示があるのを目にするだろう。

久遠チョコレートでは、原材料としてカカオマスとカカオバターを使ってオリジナルブレンドにするか、すでにカカオマス＋カカオバターをフレーク状に加工してある製菓用のチョコレート（クーベルチュールチョコレート）を用いるかして、カカオ成分の純度の高いピュアチョコレート作りをしている。

チョコレートの種類

おそらく多くの人が知っているチョコレートは次の3種だろう。

スイートチョコレート：原材料はカカオマス＋カカオバター＋糖分。甘さにかかわらず、乳成分を含まず、カカオ分40～60％のものをスイートチョコレートと呼ぶ。カカオ分60％以上のものは、とくにビターチョコレートと呼ばれる。

ミルクチョコレート：原材料はカカオマス＋カカオバター＋糖分＋乳成分。「ミルク」という名前の通り、乳成分が含まれている。

ホワイトチョコレート：原材料はカカオバター＋糖分＋乳成分。カカオマスを含まないため白くなり、甘みも強いのが特徴。

この3種をベースに、さらに、抹茶、ほうじ茶、紅茶といった茶葉のパウダーを混ぜ込んでフレーバーをつけたり、ドライフルーツやナッツを混ぜ込んだり、トッピングしたりして出来上がるのが、久遠チョコレートの１５０種類以上のテリーヌチョコレートだ。

チョコレートの美味しさを決めるテンパリング

美味しいチョコレートを作るうえで大切な工程がある。それが「テンパリング」。日本語では「調温」と呼ばれている。

テンパリングとは、50度前後で溶かしたチョコレートの温度を少しずつ下げながら、カカオバターの結晶を安定させる作業だ。

テンパリングで温度を下げるには、いくつかの方法がある。久遠チョコレートでは、時間をかけられない時は保冷剤のようなものの上にポンと置くこともあるが、50度で溶けたチョコレートに溶けていないチョコレートを混ぜ合わせて温度を下げることもある。できれば時間をかけて冷やしていくことが望ましい。

やっかいなことにカカオバターには全部で６タイプの結晶があり、それぞれ溶ける温度帯が異なる。美味しいチョコレートを作るために必要なのは、その６タイプのうち、タイプ５（Ｖ型）をたくさん集めてあげることだ。

溶けたチョコレートの温度を27～28度まで下げたのち、32～33度まで上げる作業をしながら、ダマにならないように常に攪拌（かくはん）する。このテンパリング作業によって、チョコレート全体にタイプ5の結晶が得られる。そうするとツヤがあり、なめらかな口どけのチョコレートが出来上がるのだ。

タイプ5の結晶が得られないと、チョコレートは固まらずにゆるいままだったり、ボソボソになったりする。ツヤも出ない。

一般に安価に大量のチョコレートを作る場合、この手間暇がかかるテンパリングは省かれていることが多い。サラダ油のような植物性油脂を加えると、手間暇をかけなくとも植物性油脂を核としてタイプ1、タイプ2、タイプ3といった結晶が集まり、タイプ5がなくても見た目はキレイでツヤのあるチョコレートが出来上がるからだ。コンビニのチョコレートを悪く言うつもりはないのだが、コンビニなどで売られているチョコレートの成分表示を見ると「植物性油脂」という表記があるのはこのためだ。

温めればやり直しがきくチョコレート

久遠チョコレートは、カカオバター以外の油脂を加えないピュアチョコレートを作るのがモットー。テンパリングの作業を担っているのは、障がいのある多くの方々だ。**マイペースで**

黙々と作業するのが得意なタイプ、マルチタスクは苦手でも一つのことに没頭するのが好きなタイプは、とくにテンパリング作業に向いているのだ。

テンパリングに必要なのは、その日の温度と湿度に応じた微妙な調整だ。小さなスプーンでサンプルを取ってみて数分でキレイに固まれば、タイプ5の結晶が多数得られている証拠。同じことを続けて経験値が高まると、「チョコレートの顔色」を見ながら温度を調整できるようになる。

テンパリングに失敗してタイプ5の結晶が安定しないと、「ブルーム」ができることも。ブルームとは、チョコレートの表面が変質して、白く粉を吹いたようになって固まった状態だ。ただ、ブルームが生じてテンパリングを失敗しても、もう一度50度まで温め直せば、やり直しがきくので慌てなくて大丈夫。失敗してもやり直せるのは、チョコレートの大きな特性だ。

ただし、僕らは商品として売ることを考えて、やり直しは2回まで、という自主ルールを決めている。チョコレートはナマモノだから、何度もやり直しているうちに酸化などで風味が落ちることも考えられるからだ。幸い久遠チョコレートでは、2回のリメイク、もしくは他の形状に変えることで、原材料をロスすることなく商品を完成させることができている。

オリジナルの保温器「トランピール」

チョコレート作りは〝装置産業〟だといわれているのをご存知だろうか。資金を投入して大型の機械を取り揃え、大量に作って利益を出すのが勝利の方程式なのだ。

一般に製菓店がチョコレートを溶かす時は、業務用のチョコレートウォーマーを使う。なかにはチョコレートを溶かすところからテンパリングまでフルオートで行う全自動マシンだってある。ただ、こうした機械はかなり高価。業務用チョコレートウォーマーで20万円以上、全自動マシンは300万円ほどもするのだ。そこで通常のチョコレート店では業務用ウォーマーが1台か2台あればいいほう。全自動マシンを導入しているのは、手作りというよりも工業的により多くのチョコレートを作っているところだけだろう。

大企業のような資金のない久遠チョコレートは当然、高価な機械を揃えることができない。必然的になるべく手作りすることになる。幸いなことに熱心な働き手が大勢いるから助かっている。

そんな久遠チョコレートの秘密兵器の一つは、チョコレートを溶かすための保温器「トランピール」。これは、野口さんのオリジナルだ。

野口さんのトランピールは、チョコレートを入れる鍋に、加熱するための電熱線をわざと不規則に巻いているのが特徴。彼曰く「ほわっとぼやけた熱になるように、電熱線を不規則に巻いている」のだそう。すると火入れが優しくなり、チョコレートをじんわり溶かせるのだ。

僕らは、翌日分の原材料をトランピールに入れて、一晩かけてじっくり溶かす。翌朝出勤してきたタイミングで、ちょうどいい具合にチョコレートが溶けているから、すぐにテンパリング作業に入れる、というわけだ。

世界各国のカカオから生まれる150種以上のテリーヌ

トランピールは安価なので、久遠チョコレートでは各店舗にそれぞれ10台ほど備えることができている。豊橋本店には50台ほどのトランピールがある。

なぜこんなにチョコレートの保温器が必要なのか？　それは、久遠チョコレートで使っているカカオの種類が多いからだ。コロンビア、ペルー、ブラジル、ドミニカ共和国、エクアドル、ベトナム……といった世界各国のカカオ。そして、日本の再探究によって出合った各地のお茶やフルーツなどの食材。これらを掛け合わせることによって生まれているのが、久遠チョコレートの150種類以上のテリーヌチョコレートだ。

同じ品種のブドウで醸造しても、ワインの風味は産地に応じて異なる。もっというなら同じ国、同じ村でも風味は変わるもの。**カカオもワインと同じく産地に応じて脂肪分などに違いがあり、温度管理のやり方も微妙に異なる**のだ。

業務用ウォーマーが1台しかなければ、基本的には1種類のカカオしか扱えない（使うたびに洗浄すれば、複数のカカオを使うことは可能だけれど、そこまで手間暇をかけるのは現実的ではないだろう）。

その点、僕らは**トランピールの数だけカカオを使い分けることができる**わけだ。10台のトランピールがあれば10種類、50台あれば50種類のカカオを一度に使えるということに。それだけさまざまな風味のチョコレートを楽しんでもらえるのだ。

僕らが、150種類以上のテリーヌチョコレートを展開できるのも、安価な保温器を数多く取り揃えているおかげ。たくさんの種類のカカオを同時に使って手作りできるため、他が真似のできない多品種少量生産が可能。それは僕らの大きな強みなのだ。

第4章

壁にぶつかっても諦めない。逆境からこそヒットは生まれる

諦めずに逆算で知恵を絞る

振り返ると、久遠チョコレートの前身であるパン工房を立ち上げた時から、これまでずっと数々の壁にぶつかってきた。「いくらなんでもこれは無理だろう！」と頭を抱えるような壁もいくつもあったが、壁が高いほど僕は「これは自分が試されている」と考えるほうだ。そうすると「どうしたらこの壁を乗り越えられるだろう」と静かな闘争心が湧いてくる。

僕ができるのは、「無理そうだからやらない」と諦めるのではなく、「どうしたらできるだろう」という逆算で知恵を絞ることだけだ。

資金がないゆえに、決してスマートではなく、泥臭いやり方ばかりだったかもしれない。でも、アウェイな状況下でもがきながら、なんとか生み出したアイディアで、汗を流して新しい商品やサービスを開発してきた歴史には密かに自信を持っている。そのいくつかをここで紹介しようと思う。

出張販売に赤字脱出の活路を見出す

前述したように、僕が最初に作ったパン工房は、オープンしてからずっと赤字続きだった。赤字の一因は、大勢の人びとが行き交う大都会の駅前立地でもなければ、ターミナル駅構内の駅ナカ立地でもなく、古い商店街の一角にお店があるため、来店者数が思った以上に少ないことだった。

お客さんがお店に来てくれないなら、自分たちがお店を出て売りに行けばいい。大先輩のスワンベーカリーも出張販売をやっているのを知っていたので、僕もその真似をしようとした。

パン工房は夜7時に閉まる。それから僕は一人で売れ残ったパンを全部抱えて、出張販売に出向いた。

行き先は、お店の近くにあった地域でいちばん人気のスーパーマーケット。夕方になると大勢の買い物客で賑わっている。人通りの多い場所にこちらから出向いて、その買い物客にパンを売ろうという作戦だ。

スーパーの閉店時間は夜8時だから、それまでの1時間が勝負。一つひとつ袋に入れたパンを並べたパンケースを首から下げて、スーパー前の歩道に立ち、「地元で作っている美味しいパンです！　お安くなっています！」と声をかけると、みなさん足を止めて買ってくれた。最後の最後は原価割れの叩き売りのようになってしまうのだが、それでも破棄するよりはマシだ。

スーパーでもパンは売っているから、スーパーの店長が飛び出してきて、「うちの前で勝手に商売をするな。やるなら自分の店でやれ！」とずいぶん怒られた。もっともな言い分だ。

店長に見つかると、僕は一時的に目の届かないところに〝避難〟。店長が諦めてお店の中に引っ込むと、販売再開。まるでイタチごっこだ。

何しろ僕も必死だから、店長には申し訳ないと思いつつも、怒られても怒られても販売を続けた。でも、本当によく売れて助かった。

この話には後日談がある。

10年近く前、このスーパーが新しい場所に出店する際、なんとスーパーの社長からじきじきに「パン屋さんを出店しませんか？」とお誘いがあったのだ。

すでにパン屋からチョコレート屋にビジネスを転換してしまっていたこともあり、残念ながらお誘いには応じられなかったが、この申し出には僕も驚いた。社長は同じ商売人として、店長とは違う視点で、僕の奮闘ぶりを好意的に評価してくれていたのかもしれない。

この出張販売戦略には、父もひと役買ってくれた。息子の窮状を知り、見るに見かねたのだろう。「知り合いがやっているカフェが、お前のところのパンを売ってもいいと言っている」と言うのだ。

そのカフェは、豊橋市から車で片道1時間ほどの新城市というところにあった。申し出は涙が出るほどありがたいのだが、2時間もお店を空けるわけにはいかない。そう返事をすると、父は「じゃ、俺が行くわ」と自分で車を運転して、往復2時間かけて毎日パンを卸しに行ってくれるようになったのだ。

その頃、妻も自分の車で出張販売してくれていた。ランチ時のオフィスワーカーの需要を見込んで、市役所や周辺の大きなオフィスビルを回り、食事用の惣菜パンなどを売ってくれたのだ。惣菜パンは単価が高めなので、一度に100個以上焼いて売り切ると、売り上げは1日5万円ほどになった。

2人には感謝しかない。

ホテルの朝食ブッフェのプチパンを〝発明〟

パン工房では障がいのある女性スタッフを3名雇用していたことはすでに話した通り。彼女たちが朝9時頃に出社してくると、それ以降はサポートやケアに手を取られるシーンが増えてくる。僕と妻は朝3時からお店に出て仕込みをしているので、その9時までの朝時間を有効活用する方法は何かないかと考えた。

思いついたのが、ビジネスホテルへの出張販売だ。

豊橋駅周辺には多くのビジネスホテルがある。こうしたビジネスホテルには当然、朝食付きのプランがあり、そこにはパンの需要があるはずだ。

ビジネスホテルでは、一人１泊朝食付き７００円前後のプランが標準的。大手シティホテルはいざ知らず、このくらいの客単価だとホテルに自前のベーカリー部門を置くとコストが合わない。そこで多くのビジネスホテルは、近隣のパン屋さんから朝食用のパンを毎朝仕入れているのだ。

うちは後発だから、そのマーケットに割り込むにはアイディアが必要だ。そこで考え出したのが、パンをミニサイズにするというアイディアだった。

ビジネスホテルの朝食は、宿泊客が自分で自由に選べるブッフェスタイルが一般的。ブッフェの醍醐味（だいごみ）は、好きなものを好きなだけ楽しめることだろう。パン党だったら、あれこれといろいろな種類のパンを試してみたいはずだ。僕は、定番の食パン、バターロール、クロワッサン、メロンパンなどをそれぞれミニサイズにすることを思いついた。

ホテル用にわざわざ焼くのは手間暇がかかるから、近隣のパン屋さんがホテルに卸していたのは、店頭売りと同じサイズだった。そこで僕は店頭用とは別に、ホテル用にプチパンを作り、焼きたてを毎朝配送するサービスを始めたのだ。

この試みは宿泊客にも大好評。評判を聞きつけて周辺のビジネスホテルが、軒並みうちのパンを仕入れてくれるようになったのだ。朝時間を活用したモーニング用のプチパンだけで月20～30万円の売り上げになったからありがたかった。

今でこそ、全国のホテルの朝食ブッフェにプチパンが並ぶのは当たり前の光景だが、当時はまだ一般的ではなかったと思う。その先駆けになったのは、うちのパンだったと密かに信じている。

お客さんの立場で考える

パン屋をやっていたけれど、僕はパン職人ではないし専門の勉強もしていない。開業前にパン作りについて得た知識といえば、前述した敷島製パンのＯＢから受けた無料研修くらい。多くのパン屋さんが抱くであろう「自分のこだわりのパンで勝負したい」という思いはなかった。だからこそ、**どうしたら食べる人が喜んでくれるかを徹底的に考えた。**裏を返すと、それくらいしか取り柄がなかったのだ。

スーパーでの出張販売も、パンを無駄にしたくないという思いはもちろんあったが、それだけでなく、買い物客側だってスーパーには並んでいないパンを安価に買えたらきっと嬉しいに違いない、という計算が働いていた。

ビジネスホテルでのプチパンのヒットも、出張先でいろいろなパンを楽しんでみたいというビジネスパーソンの要望にマッチしたのだと思う。

パンの移動販売にチャレンジ

夕方のスーパーでのゲリラ販売も、朝時間のプチパンの販売も、障がいのあるスタッフがお店にいない時間帯に行っていた。それでもスタッフたちも働きながら少しずつ成長していて、「僕がお店を空けたとしても、大丈夫かもしれない」と思える瞬間が増えてきていた。

彼らの成長ぶりを感じた出来事を、今でもよく覚えている。

お客さんが選んだ商品が多すぎると、会計の時に軽いパニックを起こし、自傷行為をしてしまう女性スタッフがいた。

その彼女が、ある日商店街の文房具店に走り、ノートとペンを買ってきた。何をするのかなと思って見守っていると、パンの名前と値段を一つひとつノートに一生懸命書き始めたのだ。この虎の巻が手元にあれば、会計の時にパニックを起こさなくても済むかもしれない。そう本人が考えたのだろう。

そんな場面を目の当たりにすると、「ここで立ち止まっていてはいけない」と心が奮い立った。ノートとペンを買いに走った彼女の姿に勇気付けられた僕がしたことは、新たなカードローンを契約すること。そのなけなしの資金20万円で買ったのは、ボロボロの中古のハイエースだった。

出張販売で多少光明は見えていたが、経営は赤字でカードローンの返済は一向に進んでいなかった。本来はそんな余裕はなかったはずなのだが、僕を常に励まし、引き上げてくれるのは、身近で一緒に働いている仲間たちなのだ。

出張販売の次なる手は、キッチンカーを使った移動販売だった。

キッチンカーに改装するために業者に頼む資金的な余裕はゼロ。そこでＤＩＹでコンベクションオーブンを取り付けるなどの数々の改造を施し、移動販売車に関する保健所の基準をなんとかクリアした。

近所の商業施設「アクロス豊川」にこの手作りのキッチンカーで出店すると、ありがたいことに、社長の笠原さんがキッチンカーを覆う専用のテントを40万円もかけてわざわざ作ってくれた。おかげでお洒落（しゃれ）な屋台のような雰囲気が生まれた。不器用に頑張る僕らへのエールだったのだろうが、あまりにも不恰好で見ていられなかったからかもしれない。

後日談としては、この時の縁がつながって、現在、笠原社長が展開する別の商業施設には、久遠チョコレート豊川店が出店している。

10種のメロンパンが大当たり

さて、キッチンカーでの販売をスタートすると、思いもしなかった大行列が生じる人気となったのだ。大ヒットとなったのは僕らのメロンパンだった。

その頃日本では、メロンパンの静かなブームが生まれていたらしい。ウィキペディアによると、移動販売車によるメロンパンブームが始まるのは2005年頃とされている。僕がメロンパン専門店を開き、キッチンカーでの販売も始めたのは2004年のことだから、僕らのチャレンジはその先端を走っていたのかもしれない。

僕らのメロンパンは、いわゆるプレーンなタイプの他に、生地にメロン果汁をたっぷり使ったもの、生地にアールグレイティーや抹茶を練り込んだもの、夕張メロンクリームやマンゴークリームを包んだものなど、バリエーションが豊富だった。

10種ものメロンパンを用意していたのは、パン職人ではない自信のなさから、せめてお客さんに選べる楽しさを提供しよう、という考えによるものだった。これは後に、久遠チョコレートで150種以上ものテリーヌチョコレートを開発したことにつながっていく。

10種のメロンパンのなかでも、最大のヒットとなったのが「ミルククランチ」。生地にキャラメルクランチを混ぜ合わせた練乳仕立てのメロンパンだ。前述のホテルに納品していたプチパンも、このミルククランチが好評だった。

こうしてパン工房を設立してから2年ほど経ち、黒字化の目処がつくようになったのだった。これも後日談がある。その頃、僕らの恩人でもある敷島製パンが、ミルククランチにそっくりのメロンパンを発売したのだ。大手の製パン会社も僕らの商品開発力を認めてくれた気がして、とても嬉しかったのを覚えている。

チョコ作りに適さない環境から生まれた代表商品

京都に久遠チョコレート1号店を開く際、僕と野口さんは、パン工房のメロンパンのような分かりやすい看板商品が必要だと考えた。

しかし最初に野口さんが指摘したのは、「この店舗は本来、チョコレートを作るのに向いていない環境だ」ということだった。

チョコレート作りは科学であり、適切な温度と湿度のコントロールが不可欠。ゆえに、チョコレートショップの製菓エリアは通常、温度と湿度を調整しやすいようにガラスなどで仕切られた空間に設けられているものだ。

ところが、用意された京都店の場所は、オープンキッチンスタイルだった。来店者に合わせて温度と湿度を調整すると、チョコレート作りにはやや高温多湿になり、チョコレート作りに合わせて温度と湿度を調整すると、来店者には寒すぎるという状況に陥る。

一度溶かしたチョコレートは、室温22〜23度、湿度50〜60％以下で、美味しさの決め手となるキレイな結晶ができる。つまり、来店者に寒い思いをさせるわけにはいかないが、彼らに快適な温度&湿度に調整するとテンパリングがうまくいかない、というジレンマが起こるのだ。

そんな環境でも作りやすいように野口さんが考えてくれたのが、今では久遠チョコレートの代名詞ともいえるテリーヌチョコレートだった。


野口さんのアイディアは、通常のショコラティエは絶対しないプロセスをチョコレート作りに加えることだった。

具体的には企業秘密なのだが、そのおかげで、硬すぎず、ゆるすぎない、これまでのチョコレートにないユニークな食感が生まれたのだ。

その食感は、フランス料理のテリーヌ（肉や魚などの食材を細かく刻み、ペースト状またはムース状に練り上げたパテを、長方形のテリーヌ型に入れて焼き上げたもの）を思わせた。そこで「QUONテリーヌ」と名付け、テリーヌ型に流し込み、パテのように薄くスライスして販売することにしたのだ。

それは「**ガチガチになりすぎず、ユルユルでもない社会を目指す**」という僕らのビジョンにも不思議とマッチしているように思えた。この掟破りの製法は、温度と湿度をコントロールできる工房を備えたその後の店舗でも、引き継がれることになったのだった。

パウダーラボで生まれたストーリー

パウダーラボができるまでは、テリーヌチョコレートに混ぜる茶葉をパウダーにする作業は、業者に外注していた。ところが、僕らが出す注文量というのがちょっと中途半端だったからか、業者にとっての優先順位が低いようで、お願いした期日通りになかなか上がってこないのが難だった。

「チョコレートができているのに、パウダーがない！」という状態で欠品に次ぐ欠品。各フランチャイズ店からのクレームの嵐を呼んでいた。

切羽詰まって家電売り場で買ってきた家庭用のミキサーで、徹夜して妻が茶葉を挽いてくれたこともあった。一晩中「グイーン」と小さなミキサーを回していたことを思い返すと、あまりにも涙ぐましい努力で笑うに笑えない。

パウダーラボの誕生で、茶葉を粉砕する作業を内製化したことにより、この憂いは解消した。それだけではない。自分たちで茶葉をパウダーにできるようになったことは、思わぬ副産物を生んでくれたのだった。

最初、パウダーラボでは、機械に詰まらないよう、茶葉をめん棒とボウルですり潰して初期粉砕したのち、機械にかけてパウダー化していた。ただ僕は、まだまだ「彼らにはできないだろう」という偏見のフィルターをかけていないだろうか？　と、自分自身に問い直してみた。このパウダーラボで働くバディ一人ひとりの仕事にもっと価値を持たせられないだろうか？菓子作りの最終工程まで彼らに直接任せることはできないだろうか？

そうして思いついたのは、機械任せにしないで、人の手を使って石臼で茶葉を挽くことにしてはどうだろう、ということだ。考えてみたら、抹茶は本来、石臼で茶葉を挽いていたはずだ。さっそく石臼を導入したところ、バディたちはイキイキと手作業に取り組んでくれるようになった。おかげで「石臼で挽いた茶葉を使っている」というのは、テリーヌチョコレートの売りの一つにもなってくれた。

そして、あとから分かったことだが、この石臼で挽くことにこそ、メリットがあったのだ。

機械挽きだと熱が加わり、茶葉の風味が部分的に失われてしまう。しかし、石臼を使って手作業で粉砕することで、茶葉の風味を丸ごとチョコレートに活かせるようになったのだ。

また、機械挽きでは刃が傷むという理由で、外注先では茶葉の硬い茎の部分は捨てられていた。破棄部分は全体の30％にも及んでいたのだった。

けれど石臼なら硬い茎も破棄せず、１００％挽ける。**歩留まりがよくなるうえに、茎の栄養まで丸ごとチョコレートに入れられる**のだから、一石二鳥だ。

さらによかったのは、小回りのきく自社工房での手作業ならではの、**小ロットの素材を使っての製造も可能になったことだ。**

たとえば、特徴ある産地の果実が小ロットずつあっても、大手の外注先に粉砕を頼むと、異なる産地同士の果実も一緒くたに混ぜられてしまう。小ロットにいちいち対応していては生産効率が悪いからだ。結果、たとえばまったく別の産地のいちごやレモンでも、まとめて「国産いちごパウダー」「国産レモンパウダー」になってしまっていた。

一方、僕らは小ロットでも気にせず、それぞれを別々に手作業で挽ける。そのおかげで「直方産いちごパウダー」「尾道産レモンパウダー」といった個別表記が可能になった。これは、久遠チョコレートの大きな強みになった。

バディ一人ひとりにどう活躍してもらうか。そこに知恵を絞るうち、**石臼を使って手作業で挽いている、だから茶葉のまろやかな風味や栄養価が損なわれない、日本各地の厳選された素材を使っている、というブランドストーリーが生まれた**のだ。このストーリーは、凸凹のない工房では生まれなかっただろう。

重度障がい者のアートがパッケージに

「障がいが重度だから、〝働く〟は関係ない」というロジックは、依然として、一般社会だけではなく、福祉の世界の中にもはびこっている。パウダーラボとは別の方法で、そのロジックをぶち壊せないかと考えて、２０２２年にパッケージをリニューアルした商品が「タブレット」。パウダーラボのバディたちが描いた絵をタブレット型チョコレートのパッケージに採用したのだ。抹茶、ほうじ茶、ゆず、レモン、いちごなど、さまざまなフレーバーのチョコそれぞれを、バディたちが描いてくれたカラフルなアートが包んでいる。一つひとつがストーリーを感じさせる絵で、心踊る楽しさがある。おかげでリニューアル前よりも販売数が上がって、フレーバーも当初の6種類から20種類へと増えた。

障がいが重度でも経済にタッチし、所得を向上させることができることを示す象徴的な商品となっている。

夏の救世主

お菓子屋にとってのハイシーズンはもちろん、クリスマスやバレンタインがある冬だ。反対に夏場はどうしても売り上げが落ちてしまう。とくに、もともと高温多湿の日本の夏に猛暑が重なってしまうと、人はなかなかチョコレートに手を伸ばしてくれず、頭を抱えることになる。

２０２２年に、チョコレートをトッピングしたフィナンシェ「クオンシェ」を代表商品とする焼き菓子専門店「ドゥミセック」を始めた理由の一つも、焼き菓子はチョコレートよりも年間を通して売り上げに波がないからだ。

ただ、久遠チョコレートでは、時に夏でも買うための行列ができる商品がある。それが、久遠チョコレートの初期に生まれた「至高のアイス」だ。

この商品が誕生したのは、とある業務用アイスのメーカーが持ち込んでくれたアイスがきっかけだった。ミルクアイス、抹茶アイス、ストロベリーアイス、マンゴーアイスといったアイスキャンディなのだが、担当者曰く、それぞれの材料にこだわりすぎて原価が高くなってしまったため、販路に苦心しているということだった。

よく温泉旅館や焼肉屋さんのサービスでアイスキャンディが出てくることがある。そういうところに営業に行っても、向こうとしても無料で出すものなので、原価が高いこのアイスキャンディは仕入れてもらいづらい、ということなのだった。

アイディアが閃いた。うちのこだわりのチョコレートを温めて溶かし、このアイスキャンディにトッピングしたら、至高のアイス×至高のチョコで、至高のチョコアイスができるじゃないか、と。

そこで、アイスのコーティング用に、コロンビア産ミルクチョコレート、ベルギー産ホワイトチョコレート、イタリア産レモンチョコレートという3種のチョコレートを用意。4種のアイスキャンディから好みの1本を選んで、お客さん自身がとろりと温かいチョコレートにくぐらせて作る季節限定商品が誕生した。

引き上げて一息置くとチョコレートが固まって、パリパリのチョコアイスが出来上がる。このセルフコーティング方式が受けて、みんな喜んで買って行ってくれる。今では至高のアイスは夏の救世主だ。

自信がなくて始めたバラ売り

告白すると、僕がテリーヌチョコレートをセット売りにせず、1枚から買えるようにしたのは、商品力に自信がなかったからだ。何しろ久遠チョコレートは、技術のあるショコラティエが始めたブランドではない。チョコレート作りのデビュー戦だ。だから、なるべく低価格で買いやすい商品にしたいと思って、1枚ずつ個包装にし、バラで好きなフレーバーを選べるようにしていたのだ。

ただ、バレンタイン催事に呼んでくれる百貨店としては、客単価を上げるために高額の商品をできるだけ多くラインナップしてほしいというのが本音だろう。望ましいのは、1箱2000円、2500円といった詰め合わせの箱を作って売ることだ。客単価も上がるし、あれこれ選ぶ必要がないのでお客さんの回転率も上がる。実際、そうしてほしい、と提案してくる百貨店もあった。

バラ売りしているよさもあって、久遠チョコレートのお客さんは、「あれもいい」「これもいい」「こっちをやめてあっちにしよう」と5分も10分もかけてあれこれ悩みながら、2枚、3枚と買っていくというスタイルになる。

僕はその合間に「このチョコレートに入っている茶葉は、石臼を回して手作業でパウダーにしているんですよ」といった会話ができるのを楽しみにしているのだ。すると、お客さんも「え？手作業で挽いているの？」と喜び、久遠チョコレートのファンになってくれる、という具合だ。

百貨店からすると極めて非効率ともいえるこのやり方を面白がってくれたのが、うめだ阪急のカリスマバイヤー高見さゆりさんだった。前述したように、催事1年目は陳列棚2台だった

（しかもそれをすっからかんにしてしまった）のに、高見さんは2年目、それをなんと4台に増やしてくれたのだった。

それは僕の自信になり、この方向性を貫こうと吹っ切るきっかけにもなった。自信がなくて始めたテリーヌチョコレートのバラ売りは、やがて久遠チョコレートを象徴する商品となったのだ。

その後も、うめだ阪急のバレンタイン催事には連続して出店。途中、新機軸を打ち出そうと、生チョコやボンボンショコラ（なかにフィリングという詰め物をしたひと口チョコ）に手を広げようとした年もあった。そんな試みには興味を示さず、「お客さんが足を止めて会話を楽しみ、好きなものを1枚、2枚と買っていくのが、久遠チョコレートのよさなのよ」と優しく諭してくれる高見さんなのだった。

そして2024年のうめだ阪急のバレンタイン催事のコンセプト自体が「マルシェ」に。市場（マルシェ）を回るように、各ブランドがバラ売りしているチョコレートをお客さんが楽しみながら一つひとつ選ぶ、というテーマになったのだ。久遠チョコレートのスタイルが認められたようで誇らしい。

絵本みたいな3枚セットがヒット

ある時、バラ売りのテリーヌチョコレートを選ぶお客さんを見ていて、一つの場面が思い浮かんだ。１枚手に取っては考えて戻し、次の１枚を手に取ってはまた戻し、を繰り返しているお客さんの姿に、書店であれこれ迷いながら本選びをしているシーンを連想したのだ。そこで閃いたのは、テリーヌチョコレートを３枚セットにしてタイトルをつけて、絵本のようにして売るのはどうだろう、ということだった。

自信のなさから1枚ずつ買えるのをテリーヌチョコレートの売りにしていたが、そろそろ次のステージに行ってもいいのでは、と考えていた頃だった。

そこで、２０２３年の百貨店のバレンタイン催事で販売したのが、「ＱＵＯＮテリーヌ３枚セット」。テーマに合わせて３種のテリーヌチョコレートをセットにし、タイトルをつけて絵本のようなパッケージをデザインしてもらった。背表紙が見えるように縦に並べるだけではなく、表紙を見せて陳列する〝面陳〟や〝平積み〟でも店頭展開すると、本当に絵本売り場みたいになった。

たとえば、『久遠のはじまり。』は、６種類から始まったテリーヌチョコレートから３種をセレクト。『感じるカカオ』は、カカオの原産地が異なるビターな3種。

普段よく売れているのがベリー系のフレーバーだったことから生まれたのが、『苺はいつも裏切らない』。3種のストロベリーチョコレートをセットした。

バレンタインシーズンが受験シーズンと重なることからよく売れたのが『前を向き、頑張るあなたへ。』。覚醒作用が期待できるカカオ分が濃いテリーヌチョコレートと、脳の栄養となる糖分が高いテリーヌチョコレートを組み合わせたものだ。

3枚セットにしても、僕が好きなお客さんたちとの会話は減ることなく、むしろ増えたぐらいだ。

『ジャンドゥーヤって??』は、ヘーゼルナッツペーストをミルクチョコレートに入れたイタリア生まれのお菓子ジャンドゥーヤの3枚セット。日本人にはまだ馴染みが薄いため、「ジャンドゥーヤというのはこういうお菓子なんですよ」と説明しながら、お客さんとの会話が弾む。

16種類のタイトルと組み合わせを考えたのは僕自身。お風呂のなかで考えるのが楽しくてワクワクしたものだ。

不思議なもので、**バラ売りしていた時は一人3枚ほどの購入だったのが、3枚セットにしても、みなさん迷って結局3箱買い求めてくれた。**結果、客単価が上がったのだった。大好評だったことから、バレンタイン催事だけではなく、現在は全国で通年販売する定番商品となった。

第5章

「使える／使えない」の物差しを外して「受け入れる力」をビジネスに変える

「使える／使えない」の物差し

もともとは「障がい者の月給1万円という壁を打ち破りたい」「障がい者が働く場所、稼げる場所を作りたい」という思いを抱いて始めたパン工房であり、チョコレート屋だった。そして現在、久遠チョコレートの従業員の6割は、確かに障がいのある方々だ。

ところが、開業して時間が経つほどに、「働けない」「稼げない」という問題は、障がい者だけにあるわけではないことを思い知ることになった。「久遠チョコレートで働きたい」という問い合わせがあまりにも多いからだ。彼らは、「働きたい」「稼ぎたい」と思っていても、今の日本社会の中では、その場所を見つけられていない。「できない」「使えない」と社会から追いやられてしまっているのだ。だから僕のところにやって来る。

しかし、彼らに会ってみて思うのだ。そうなってしまっているのは、果たして彼らだけの責任なのだろうか？　そうしてしまっているのは、社会の側に包容力が足りないからなのではないだろうか？　「使える／使えない」の物差しは、そんなに絶対的なものだろうか？

面接で必ずする2つの質問

僕が、久遠チョコレートのスタッフの採用で重視しているのは、学歴でもキャリアでもない。

もちろん障がいの有無でもない。その人が「どんな人か」という人物優先だ。

労務管理の一環として保存する必要があるので、履歴書は一応持参してもらう。でも僕は、学歴、職歴などが書かれている左側は見ていない。

重視しているのは面接。面接といっても肩の凝るものではなく、ほとんど雑談。長い時は1時間以上話すこともある。対話のなかで、履歴書では分からない、その人の人物像が浮かび上がってくることも多いからだ。


僕が面接で必ずしている質問は2つ。それは「周りからどんな人だと言われますか?」と「将来の夢は何ですか?」というもの。

「周りからどんな人だと言われますか?」と聞くのは、単純にどんな人なのかを知りたいのと、自分がどんな人間なのかを一生懸命考え語っている姿で、嘘のないその人自身が伝わってくるからだ。

「将来の夢は何ですか?」と聞くのは、何か目標を語れる人はやっぱり素敵だと思うから。どれだけ小さな夢でもいい。たとえ不器用な答え方でも、そこに人柄を感じることができるので、必ず聞くようにしている。

「周囲からは明るくて頼り甲斐があるタイプだとよく言われます」とか「将来の夢は御社で人

間性を磨いて、チョコレート文化を日本にもっと根付かせることです」といった、就活マニュアルや転職マニュアルに書かれているようなキレイな答えを期待しているわけではないのだ。

たとえ作文のような答えが返ってきても、1時間も雑談していれば、それが本音なのか、それとも誰かの単なる受け売りなのかは分かるもの。

久遠チョコレートに面接に来る方には、周囲とコミュニケーションをうまく取れないタイプが少なくない。社会に出るといわゆる〝コミュ障〟と言われるタイプだ。そういう人は、どちらの質問にも往々にしてキレイな答えは導き出せないことのほうが多い。

それでも、言葉に詰まりながらでも、なんとか答えを探そうとする姿には心動かされるし、もっと詳しく話を聞いてみたいと思う。

人物を見る時、もっとも大事にしているのは、うちで働きたいという意志を明確に持っているかどうか。障がいなどで、自分の言葉で表現するのが難しい場合は、その家族から話を聞くこともある。「ここで働きたい」「ここで稼ぎたい」という意志の有無を見極める。実際、「将来の夢は何ですか？」と聞かれても、うまく言葉にできない人が大半。「ここで働きたいです」という答えが精一杯の人もいる。

ただ、その言葉や態度に嘘がないと思ったら、周囲からどう見られているかや、将来の夢について何も答えられないとしても採用する。放っておけなくなるからだ。

ここでは、そうして僕らの仲間になってくれたスタッフの何人かを紹介してみようと思う。

子育て中の女性が大勢働いている理由

久遠チョコレートで働いている人の90％は女性。なかでも子育て中のママさんが大勢活躍している。とくに製造や出荷の現場では、女性たちが主役。しかも、一度勤めると辞めずに長く働いてくれる。

子育て中の女性が多い理由は、試行錯誤しながら、彼女たちが働きやすい環境を徐々に整えてきたからだ。


久遠チョコレート開業当初から、働きたい、と応募してくれる子育て中の女性は多く、積極的に採用していた。出産でキャリアを諦めてしまったけれど子どもが大きくなってきたのでまた仕事をしたい。子どもにまだ手がかかるけれど少しでも社会とつながっていたい。そんな女性はたくさんいるが、どうやら社会のほうに彼女たちを受け入れる場所は少ないようだ。

その頃、僕らの製造現場では夜9時近くまで必死に製造を続けていた。注文した商品が届かない、と、各フランチャイズ店から怒られることも多々あったのは前述した通り。生産効率が上がっていなかったので、遅くまで作業しないと各フランチャイズ店の注文に応えられなかったのだ。思い返すとちょっとブラックな職場環境だったかもしれないと反省している。

なぜ夜9時だったかというと、当時、配送業者の集荷リミットがその時間だったから。とにかくギリギリまで製造・包装・出荷作業をしていたい僕らは、配送業者には「最終集荷の時刻をできるだけ遅くしてください」と頼んでいた。

そうすると夕方以降、製造と出荷の作業は佳境を迎える。ところが、ここで「午後3時の壁」が立ちふさがった。

小学生までの子どもがいるママたちは、午後3時までには退社して帰宅しなければならない。子どもたちが学校から帰ってくる時刻だからだ。「さぁ、これから！」という時に、彼女たちが一斉に帰ってしまうのは正直痛手だった。

しかし、**困り事に直面したとしても、「できない」と嘆くのではなく、「どうしたらできるか」をとことん考える**。それが僕のやり方だ。

みんなにも知恵を絞ってもらい気づいたのは、夜9時をデッドラインと考えているから、作業が夜遅くまでかかってしまうのだということ。夕方をデッドラインと考えて、作業全体を半日前倒しにすればいいじゃないか、ということだ。

そこで、前日から作業を始め、夕方5時には製造と出荷を終えられるようにタイムシフト。そうすることで製造と出荷が滞らず、なおかつ子育て中のママさんが気兼ねなく午後3時には帰れるようになったのだった。

タイムリミットを夕方5時とはっきり決めたおかげで、みんなの作業効率は以前よりも上がった。もともと普段の家事・育児で段取り力を磨いているママたちだから、締め切り2時間前の午後3時までに自分の担当分を仕上げられるように、一層テキパキと働いてくれるようになったのだ。

その後の働き方改革により、配送業者も夜9時といった遅い時刻には集荷をしてくれなくなっている。タイムリミットを夕方5時に前倒ししていたおかげで、そうした変化にも難なく対応できたのもよかったことだ。

「使えない」と切り捨てない

子育て中の女性たちからは「子どもが熱を出したので、今日は休ませてください」といったSOSが急に入ることもある。子どもが在宅の土日や夏休みは勤務できない方もいる。

限られた人数で仕事をしているから、本音を言うと急に休まれると困ることもある。現場の他の人たちのなかにも、繁忙期の土日や夏休みにこそ、彼女たちにもできるなら出てきて手伝ってほしいと思っている人は多いだろう。

さらに一歩社会に出たら「みんなが忙しい時に帰るなんて使えない」「これだから主婦は困る」と捉える人も多いのかもしれない。

これは、子育て中の女性たちに限ったことではない。障がいや生きづらさを抱えているスタッフから、「お腹が痛くなったので、休ませてください」といったSOSが入ることも珍しくない。でも僕は、午後3時まで懸命に働いてくれる人や、休みたくて休むわけでもない人をネガティブに捉えることはしたくないのだ。なので「今日は休みます」という連絡が入ったら、いつでも「OK！」と返事をしている。現場のスタッフにもよく言っているのは、「帰りにくい雰囲気、休みにくい雰囲気は絶対に作ってはダメ！」ということだ。

もちろん人一人が抜けた穴を埋めるのは容易ではない。困った時には各拠点が仕事やスタッフを融通し合う「横割り」でなんとか凌いでいるのが現状だ。みんなが働きやすい職場環境を作るために、新しい仲間を増やす努力も続けている。

そもそも久遠チョコレートは、働きたいのに働けない人たちが稼げる環境を用意するために作ったもの。初心を忘れて、SOSを出す人たちを「使えない」「できない」と切り捨てるようになったら、お店を畳むしかない、と思っている。

うちに子育て中の女性たちが集まってくるのは、働きたいと思っても働く場所が限られているからだ。午後3時に帰らないといけなかったり、急に休んだりする女性を、「使えない」「できない」と切り捨てる企業が大半だからだ。政府が本気で子育て支援をするなら、そうした環境を変える施策こそ欠かせないのではないだろうかと思う。

久遠チョコレートで働く子育て中の女性たちは、働ける環境があること自体を「ありがたい」と感じてくれて、製造や出荷の作業に励んでくれている。繁忙期には、一度自宅に戻って家族の夕飯を作ってから現場へ戻ってくれるママさんもいる。

僕は、働く人の思いは何らかの形で商品に乗り移ると信じている。

会社に恨みつらみを感じ、愚痴を言いながら働いている人が作るお菓子より、感謝しながら働いている人が作るお菓子のほうが、圧倒的に美味しいはず。**誰もが働きやすい環境を作ることは、商品力の向上にもプラスだと僕は思っている。**

箱詰めのパートタイマーから統括マネージャーに

久遠チョコレートの初期からのメンバーの一人に、山本幸代さんというママさんがいる。

当時、彼女の息子さんたちはまだ小さく、箱詰めのパートタイマーからうちで仕事をスタートさせた。

仕事を続けていくうちに、徐々に持ち前のコミュニケーション能力や事務処理能力を発揮し始め、何よりももっと活躍したい、働きたい、という思いから、いろいろなことを克服し、現在は統括マネージャーとして活躍している。

当初はパソコンスキルもなかったが、今では百貨店などともバリバリと交渉し、このブランドを支えてくれている。どんな状況でも乗り越えていこうとする彼女のガッツには、ただただ頭が下がるばかりだ。山本さんの息子さんたちには「君たちのお母さんは間違いなくスーパー母ちゃんです！」と伝えたい。

彼女のように、もっと社会の中で活躍したい！　と望む女性は多いはずだ。そんな思いを実現できる環境が、社会の中にもっともっとあるべきだと思う。

Yさんのために生まれた茶葉粉砕機

パウダーラボで働くバディに、Yさんという男性がいる。Yさんには、重い知的障がいとダウン症がある。

20数年前に特別支援学校を卒業後、卒業生の親たちが作った小規模作業所に通った後、お母さんの「働くことで社会に参加させたい」という希望で、僕が設立した社会福祉法人に移ってきていた。

僕が社会福祉法人を追い出された後、社会福祉法人でＹさんが毎日やっていたのは、鉛筆削り器のような簡易シュレッダーのハンドルを回して、書類を細かく裁断する軽作業。工賃は１日20円ほどだったという。

ダウン症の方は一般的に、加齢とともに手先の筋力が落ちていくスピードが速いという特徴がある。Ｙさんには知的障がいもあり、介護主体の生活となるのが通常だ。それでも筋力が落ちないうちに、稼ぎを伴ってリアルに働くことを体験させたい、というお母さんの願いを受け、Ｙさんにはパウダーラボで働いてもらうことにしたのだ。

初めのうちＹさんには、めん棒とすりこぎを使って茶葉の初期粉砕を担当してもらっていた。しかし、ダウン症の影響で手先の筋力が落ちているＹさんは力がうまく入らず、茶葉をすり潰すことができなかった。

いつまで経っても茶葉が一向に細かくならない現実をそばで見ているうちに、「これでは作業所で時間潰しのようにシュレッダー作業をしているのと何も変わらない」と反省した。リアル感のある稼げる場所という看板を掲げながら、これでは看板に偽りありになってしまいそうだった。

その後、パウダーラボに石臼が導入されたことで、問題は解決されたかと思った。石臼には上臼と下臼があり、上臼を回転させるとその重みで茶葉が勝手に細かく粉砕される。このやり方なら筋力が落ちているYさんでも確実に作業を行えそうだ。

ところがまだ問題があった。Yさんが石臼を回すと、着ているユニフォームの袖が、挽いた茶葉まみれになってしまう。石臼は水平方向に回すため、Yさんが挽くとどうしても、袖が挽いた茶葉を引きずって、せっかく挽いた茶葉も使えなくなってしまうのだ。

僕はまた思案した。

思い出したのが、Yさんがかつて使っていた手回し式のシュレッダーだ。鉛筆削りのように垂直方向にハンドルを回せれば、袖を引きずることはない。そこで、市販のそばの実のための手回し式製粉機を改造して茶葉を挽く粉砕機を特別に開発してみた。するとこれはうまくいった。Yさんはその専用機を使って、茶葉を1日中丁寧に挽いてくれるようになったのだ。

Yさんは言葉をほとんど話せない。なのでパウダーラボで茶葉を挽く毎日が、彼にとって充実した時間になっているかどうかは、想像するほかない。ただ周囲はいろいろな変化を感じている。

以前は指示があるまで着ようとしなかったユニフォームのエプロンも、今はパウダーラボに入ると自ら進んで身につけるようになった。また、かつては片手しか使えなかったのに、今では茶葉の入ったボウルを左手に持って石臼の受け口に満遍なく注ぎながら、右手で粉砕機を回すというマルチタスクをこなせるようになっているのだ。

「できない」という思い込みを外すだけで、どれだけの可能性が生まれるかということを、Yさんはあらためて僕らに教えてくれたのだった。

転職を繰り返してきたMさん

Mさんという40代の男性の話をしよう。

彼はこれまで何社も転々としてきたのだという。それは前向きな転職ではなく、後ろ向きの転職。同じ職場にいられなくなってのことだった。

面接に来たMさんと話しているうちに、彼が同じ職場にいられなくなる最大の理由は、過度に自らをマイナス評価しているからだと気づいた。

職場にはいろいろな人が集う。そこでは和気藹々(あいあい)とした時間もあれば、些細なことで諍(いさか)いが起こることもある。久遠チョコレートだって同じだ。

しかし諍いやトラブルが起こるたび、Mさんは「それは自分のせいではないか。自分さえいなければ、諍いは起こらないのではないか」と、何でも自分に引き寄せて考えてしまう性質があるようだった。僕は心理学の専門家ではないが、これはおそらく「自己関連付け」という認知（物事の考え方・捉え方）の歪（ゆが）みの一つ。何か悪いことが生じた時、何の根拠もなく、それは自分の責任、自分のせいだと考えてしまうのだ。

Mさんは、「発達障害の人たちの集まりに顔を出すと、心が落ち着く」と言い、診断を受けているわけではないが、発達障害を抱えているようでもあった。ただ、面接で1時間ほど話しているうちに、彼は好きで職場を転々としているわけではなく、本当は一つのところで腰を落ち着けて働きたいのだと感じられた。

採用を決めた僕が出した唯一の条件は、「過度に自分をマイナス評価しないこと」というもの。そう告げると、「そういう採用条件を出されたのは、初めてです」と彼は少しばかり戸惑った様子だった。

周囲にもMさんの性格をしっかりと理解してもらったうえで、まずは週1～2回勤務のパートタイムから始めたMさんは、3年経ってフルタイムのスタッフに。本店がある豊橋市内にある5拠点を自動車でぐるぐると回り、商品や材料などの物流を担ってもらっている。彼の丁寧な仕事ぶりには助けられることが多く、今ではみんなから慕われて、欠かせない存在だ。

特別なノウハウが必要なのではない。ちょっとした寄り添いだけでいい。少しの理解と工夫だけで、下ばかり向いていた人が救われて前を向き、胸を張れるようになる。そんな人はたくさんいるはずだ。僕はそう思っている。

「すいません」が口癖のHさん

30代のHさんとの面接も、印象深いものだった。

彼は働きたくて面接に来ているのに、ずっと下を向いてばかり。何を聞いても、か細い声で「すいません」しか言わない。

埒（らち）が明かないと思い、あらためて履歴書を見てみると、これまで勤めてきたのは、コンビニエンスストアばかり。それも深夜勤務が多いようだった。

コンビニには、多種多様なお客さんが訪れる。いい人もいれば、そうでない人もいるだろう。さらに深夜になると酔客も増えるから、理不尽な要求をする人がいるかもしれない。そんな外の世界から自分を守るために、「すいません」が口癖になっているのではないか。そう想像するともう放っておけなくなり、採用したのだった。

「すいません」が口癖のHさんは自己肯定感が低いのが課題だと思ったので、あえて製造の現場に入ってもらった。そこには、働けることに感謝している子育て中のママさんたちが大勢いる。包容力の塊のような彼女たちの優しさに包まれたら、Hさんも自信がついて少しずつ変わるのではないかと期待したからだ。

しかし、しばらくするとママさんたちから、「夏目さん、Hさんをなんとかしてください」と悲鳴が上がったのだった。

彼女たちと話してみると、何を言っても下を向いて「すいません」しか返ってこないうえに、仕事中に立ったまま寝てしまうこともあるというのだ。包容力に溢れた彼女たちの許容範囲をさすがに超えていた。

これではいけないと、僕の目が届く本店に配置転換。見ていると、周囲が気遣って支えてあげるうちに、顔を上げてお客さんに「いらっしゃいませ」と言える日も増えてきた。


そう安心したのも束の間、その年のバレンタイン商戦が終わった頃、体調を崩して休みがちになり、就業中も立ったまま寝る悪い癖が目立つように。何かあったなと思い、Hさんにヒアリングすると次のような事態が判明した。

Hさんはずっと実家暮らしだったのだが、久遠チョコレートで働き始めたことをきっかけに両親から自立を促された。両親には生活苦があり、彼の食事などの面倒を見る経済的な余裕がなくなっていたようなのだ。

実家を出てアパート住まいになった彼は、家賃を払うと手元にお金があまり残らないため、日々の食事が疎かになり、それが体調不良につながっていたのだった。仕事を休むと給料が減り、余計に食事を摂れなくなり、それが体調不良につながってさらに仕事を休みがちになるという悪循環に陥っていたのだ。

事情を聞いた僕らは、障がい者とその家族をサポートする相談支援専門員に相談して、本人と両親の同意のもと生活保護の申請をした。同時に、発達障害が疑われたことから、病院で正式に診断してもらったことで、障害者手帳の給付を受けられた。こうした公的な支援が入り、経済的に少しゆとりが出るようになり、食事をちゃんと摂れるようになって彼の体調も回復。今では製造の現場で元気に働けるようになったのだ。

引きこもりだったKさん

40代のKさんは、もともと調理師免許を持ち、20代の頃は飲食店で働いていた。飲食の世界は労働環境が閉鎖的。長時間労働や深夜勤務を強いられるブラック企業も少なくないと聞く。彼はその環境に馴染めず、先輩たちからのパワハラもあり、早々に退職。以来、20年近く自宅に引きこもる暮らしを送っていた。

家族がなんとかしたいと、「久遠チョコレートなら、職場環境もよさそう。働いてみない？」と面接に送り出してくれたのだ。

彼自身の「働きたい」という意志を確認したうえで僕は採用に踏み切った。まずは週1回の勤務から。キャリア採用しているわけではない久遠チョコレートには珍しく、キッチンの経験があるKさんには、製造の現場に立ってもらった。

しかし、すぐに問題が起こった。

当初、「仕事はどうだ？」と僕が声をかけると、「楽しいです」「大丈夫です」「シフトを増やしたいです」といった前向きな答えが返ってきていた。

それがしばらくすると、「どう？」という問いかけに対して、彼は「うーん」と口ごもるようになったのだ。

何かあるぞと思った僕は、現場スタッフに確認してみた。すると、一人の現場スタッフと上手くいっていない、という現状が見えてきた。KさんはKさんなりに一生懸命コミュニケーションを取ろうとしていたのだが、20年以上引きこもっていたこともあり、そのスタッフと上手く嚙み合わない状況が続いていたのだ。

商品のクオリティを保ち、なおかつ決められた量を作るために、スタッフは毎日現場で忙しく働いている。ありがたいことに、お店にはお客さんたちが続々とやって来るので、その対応に追われる場面もある。

そんな多忙な現場で働いていると、コミュニケーションがスムーズに嚙み合いにくい人に対して「この人に頼んでも話が伝わらない」「別の人に頼んだほうが早い」と思うのも無理はないのかもしれない。

しかし、好き好んで引きこもっている人はいない。そうさせているのは社会であり、理解のない周りの人たち。**居場所のない人、生きづらさを抱えている人にも、活動できる場を用意するために作ったのが久遠チョコレートだったはずだ。**

そこで、彼をいったん店舗での商品製造から、工場での梱包・出荷へと配置転換した。

工場では、出荷する前に商品に問題がないかをチェックする検品作業が非常に重要な工程となる。彼の慎重で細やかな性格が、ここで活かされた。少しでも不安がある商品はよけてくれるので、事故を未然に防げるようになったのだ。

すると徐々に、周りのスタッフの間で彼を必要とする空気が生まれていった。「頼られている」と感じて彼のなかでも自信が生まれたからか、彼自身もますます積極的に仕事に取り組むという好循環が生まれた。今では、引きこもっていたり孤立していたりしたのが嘘のようにしっかり戦力になってくれている。

その人が持つ強みを活かせる環境さえあれば、誰だってイキイキ働いて活躍できる。社会に求められているのは、そんなどこまでも寄り添う包容力ではないだろうか。

持病のせいでどこからも内定をもらえなかったRさん

地元でも有名な4年制大学を卒業しても、就職先が決まらず苦しんでいたのがRさんだ。彼には生まれつきの心疾患がある。就職活動で何十社も受けたが、どこからも内定をもらえなかったそうだ。心疾患だけが理由かどうかは分からないが、多くの企業が「避けた」理由の一つであることは間違いない。

Rさんとの出会いは、3年前のクリスマス直前。俯いて自信なさげに久遠チョコレートの採用面接に来たのが最初だった。不安が前面に出て、決して上手ではない面接内容だったが、働きたいという気持ちは十二分に伝わってきた。一通り話し、採否を1週間後に決めると伝え、面接を終えた。

きれいごとを言うつもりはない。僕も経営者として、彼の心疾患を「リスク」として考えたことは事実だった。確かに、重いものを持ったり走ったりすることは難しい。だからといって、仕事が無理かといったら、まったくそんなことはない。

どうしても放っておけなかった。いったん帰した彼にすぐに電話をし、面接会場まで戻ってきてもらい、「クリスマスプレゼントね！」と言って、僕は彼に採用を告げた。その時のホッとした彼の表情は今でも忘れられない。

今では、彼は得意なパソコンスキルを活かし、久遠チョコレート60拠点の受発注の処理や原価管理など、製造小売企業にとって必要な後方管理業務を担ってくれている。全国展開するブランドにとってなくてはならない存在だ。

「僕が久遠チョコレートを大きくしますよ！」と言うRさんに、「調子に乗らないでね！」と同僚スタッフ。そんな社内でのやり取りが、なんとも心地よく感じる。

これだけ仕事のできる彼がなぜどこにも就職できなかったのか。久遠チョコレート以外にも、こういう若者が働くステージをいっぱい用意できる社会になってほしいと思うのだ。

在宅勤務のママさんデザイナー

僕はチョコレート屋として、もちろんチョコレート自体の美味しさは重要だが、そのパッケージデザインも同じくらい重要だと考えている。「障がい者の就労支援事業に協力しよう」という思いで買ってもらうのでなく、商品自体に魅力を感じ、「大切な人に贈りたい」と思って買ってもらうには、センスあるデザインのパッケージは欠かせないはずだ。

久遠チョコレート開業時にお願いしていたデザイナーは、業界では優秀と評判の方だった。ただ、徐々に「デザインとはかくあるべし」という既成概念を押し付けてくるところが気になるようになった。

たとえば当時、バディが描いてくれた絵をチョコレートに転写する商品を開発することになった時のこと。一人のバディがブルーの絵の具を使った素敵な絵を描いていたので、僕はぜひそれを使いたいと思った。ところが、「食べ物絡みのデザインでブルーはあり得ない」と頭から否定されてしまい、彼の絵は使ってもらえなかったのだ。デザインの基本セオリーはその通りかもしれない。ただ、なぜその絵を使いたいのかくらいは聞いてほしかった。

そんなことが重なって、違うデザイナーを探そうと募集告知をしたところ、真っ先に手を挙げてくれたのが片岡泉さんだ。これまでの仕事を見せてもらって、久遠チョコレートにぴったりだと思った。

片岡さんは同じ愛知県在住だが、豊橋市からは車で40分ほどの市に住んでいる。「小さい子どもがいるので在宅でもいいでしょうか?」と聞かれた。彼女は、小さい子どもがいる、外に出られない、ということで、半分キャリアを止めてしまっていたようだった。2016年当時は、今ほどリモートワークは当たり前ではなかったのだ。

僕としては何の問題もない。「子育て中」という理由だけで、キャリアを途絶えさせてしまっている女性がいることには常に違和感を覚えていたので、むしろ積極的に採用したいと思った。

彼女のいいところは、デザイナーとしてのプライドも持ちつつ、僕らの要望をとことん聞いてくれることだ。僕らがチャレンジしようとしていることの本質をちゃんと汲み取ったうえで、デザインに落とし込んでくれる。

たとえば、豊橋本店の隣で焼き菓子店「ドゥミセック」を始める時に、ブランドキャラクターである3人の女の子のイラストを描いてくれたのも彼女だ。

最初、彼女にそのイラストをお願いした時は、「私はグラフィックデザイナーだから、キャラクターデザインはできない」と言われたのだった。でも、「僕は、**既成概念を取っ払った先にこそ面白いものが生まれると思ってる。**だから、泉さんに描いてもらったらどんなものができるかってことにチャレンジしてほしいんだ」と伝えたら、楽しんでチャレンジしてくれた。

片岡さんは今や、久遠チョコレートのすべてのパッケージデザインだけではなく販売促進ビジュアルなどのデザインも一手に引き受けてくれている。僕たちにとって、なくてはならない存在だ。

夢を叶えるために卒業するスタッフ

2023年、嬉しい出来事があった。スタッフの一人が、自分の夢を叶えるために、卒業していったのだ。

それが、焼き菓子専門店「ドゥミセック」の店長をしてくれていたまっちゃん。

まっちゃんは性的マイノリティの一人。生物学的には男性だが、性自認は女性だ。

彼女が子どもの頃から好きだったのはお菓子作り。洋菓子の専門学校を卒業後、ケーキ屋さんで働いていた経験者だ。しかし、「自分に嘘はつけない」と性的マイノリティであることを隠さない彼女はお店に居づらくなり、夜の世界（水商売）への転職を迫られてしまった。

しかし夜の世界に疲れたまっちゃんは、もといたケーキ屋さんのようないわゆる「昼職」に戻りたいと思うようになった。そうして、性的マイノリティであることを隠さずに済む久遠チョコレートに面接に来てくれたのだった。履歴書の性別欄では「男性」に丸を付けていたが、察した僕が聞くと女性であることを伝えてくれた。


そんな彼女が、久遠チョコレートで働いて3年ほど経った2023年、深刻な顔で「相談がある」とやってきた。相談の内容とは「ダブルワークをさせてほしい」というものだった。「繁忙期はやらないから、夏場の閑散期だけ、夜の世界で働きたい」と言うのだ。

聞いてみると、次のような事情が分かってきた。実家暮らしだった彼女は、30歳になるのを機に、両親から「家を出て自立しなさい」と諭されていたのだという。新たに住む場所を確保し、一人暮らしをするには、久遠チョコレートで得ている給料だけでは足りない。だからダブルワークをさせてほしいと言うのだ。

僕は悩んだ。ダブルワークを続けるのは、肉体的にしんどくなるだろう。しかも夜の仕事はもともと彼女が「ずっといることはできない」と思って辞めてきた世界。無理して始めても、おそらく長くは続かないだろうと思った。

うちでの給料を上げるのがベストなのだが、彼女は他人への共感性が強すぎて、店長としてスタッフに厳しいことを伝えることができないタイプ。その部分を変えられない限り、職級を上げられないので、給料を上げるという選択はできない。

１ヵ月ほど僕は悩みに悩んだ。

考え抜いて、専門学校で学び、ケーキ屋に勤務していた彼女の経験を活かして思う存分活躍できる別のステージを用意しよう、と思い立った。フランチャイズ店の商品クオリティは、油断するとバラバラになりがちだ。ここに目を配ってコントロールするスーパーバイザー的な役割を新たに作り、彼女に担ってもらおうと考えたのだ。これなら、給料を少し上げられる。**「人に合わせてもらう」のではなく、「人に合わせて組織を変える」選択をするのが久遠チョコレートだ。**

結論を出した僕は、彼女に朗報を伝えようと席を設けた。するとなんと彼女のほうから先に決意を伝えてきたのだ。「決めました。久遠チョコレートを辞めます」と。

彼女は彼女で悩み抜き、夜の世界に舞い戻るのではなく、うちよりも給料がよい昼職を探していたのだった。そのなかには、地元の大企業であるトヨタ自動車の工場も候補に入っていたようだ。

「なるほど、トヨタ自動車に行くのかな」と僕は思ったのだが、彼女の口から出てきたのはさらに思いもしなかった言葉だった。

「久遠チョコレートを辞めて自分のカフェを開きます！」と、彼女は晴れやかな表情を見せたのだ。

最初の面接の時、僕はいつもと同様、彼女に将来の夢を尋ねた。振り返ってみると、その時、返ってきたのは「自分でお店をやりたいです」という答えだった。その夢を叶えることにしたのだという。

この話は、そもそも彼女が自立するためのお金が足りない、というところからスタートしていたはずだ。それが、いつの間に夢を叶える話に変わってきたのか。疑問に思って尋ねると、彼女は答えた。

「久遠チョコレートに出合わなかったら、自分はずっと肌に合わない水商売をしていたかもしれない。でも、ここで3年間働けて、昼職でもやっていける自信がついた。見える景色が広がり、両親が資金面で援助してくれることになったので、長年の夢を叶えようと決めました」

それを聞いて僕は嬉しかった。もちろん、自分でカフェを開くという道のりは、決してラクなものではないだろう。失敗だってするかもしれない。

けれど、**息苦しさ、生きづらさを感じている人でも、社会が違うステージを用意してあげることができれば、次なる意欲が芽生えて、羽ばたくこともできる。**彼女がステップアップしていこうとする姿を見て、心から応援したいと思ったのだ。

第6章

「社会貢献ブランド」ではなく「一流ブランド」へ

社会貢献ブランド？

久遠チョコレートの創成期、有名チョコレートブランドが並ぶ百貨店で、うちはまったくの無名。どんな人たちが作っているのか、僕らはあえて隠しもしないし、アピールもしないというスタンスだから、催事の現場で寄せられるのはおもに「パッケージが可愛い」とか「あれこれ自由に選べるのが楽しい」といった声だった。

僕がやりたいことは極めてシンプルで、**「その人が買いたいと思うものを作る」「誰かにあげたいと思うものを作る」**こと。純粋に商品で選んでほしかったから、そういった声は嬉しいものだった。

一方で、久遠チョコレートがユニークな存在としてメディアで次第に話題を集めるようになると、障がい者も作っているという背景を知り、僕らの思いに共鳴して興味を持ってくれる方が増えてきた。

「テレビで観ました。頑張ってください！」と言われるのは素直に嬉しいのだけれど、僕には「社会貢献ブランド」というつもりはなく、ただシンプルに食べて美味しく、大切な人に贈りたくなるチョコレートを作っていきたい、と願っているだけなので、内心は複雑だ。

そんななか、より複雑な気持ちにさせられる出来事が起こった。

包装工房を作る壁

久遠チョコレートでは、年々商品の販売数が増えていっている。とくに秋から翌年のバレンタイン商戦までの間、人気商品のテリーヌチョコレートは、数十万枚製造・販売することになる。

この時期、チョコレート自体の製造はもちろんなのだが、包装・パッケージのために、多くの人の手が必要になる。なぜならテリーヌチョコレートは、１枚ずつビニール袋で個包装されているからだ。それをシーラーで一つひとつ包装していたのは各店舗のスタッフだった。シーラーとは、フィルム包材の開口部を熱などで密閉する機械だ。とても店舗の人員だけでは対応できないため、およそ25万枚分は外注をしていた。

２０２３年の夏、バレンタインのための臨戦態勢に入る前に、新たにその包装作業を内製化するための工房を借りることを思い立った。折しも、野口さんが自分の会社に新しい包装機械を導入する運びとなり、ありがたいことにそれまで使っていた機械を格安で譲ってくれることになったのだ。そこで全長４メートルほどの包装機械を入れられる場所を見つける必要が出てきた。

包装を内製化しようと考えた理由は2つある。

1つ目の理由は、手作業では効率が悪いうえに、熱溶着が弱かったり、シーラーが途中でフィルム包材を噛んだりするなどの食品事故につながるミスがどうしても防げないから。

2つ目の理由は、外注費を抑えたいから。外注費以外にも、外注先との商品のやり取りでも流通コストが発生する。また、外注先のハンドリングに任せていると、僕らの思い通りに納品が進まないケースもある。事前にお願いしていたのに、「これ以上できません！」と途中でハンズアップ（お手上げ）されて難渋した経験もある。

ところが、物件を探す段階で、地元の不動産業者との交渉が想像以上に難航してしまったのだった。

不動産業者には、「チョコレートの包装工房を作りたい」と説明しているのに、「就労支援の場ですね」「就労支援でもいいか、オーナーさんに確認を取ります」という返事がくるのだ。「いや、就労支援ではなく、うちはお菓子屋さんです」と説明しても、「就労支援ですよね」「いえ、お菓子屋さんです」「就労支援ですよね」「いえ、お菓子屋さんです」と話が一向に噛み合わない。結局、1軒も紹介してもらえなかった。

業者を介さずに見つけた物件もあった。最初はオーナーさんも「久遠さんね。知っています」と乗り気だったのだが、申し込みをする直前に先方から断りの連絡が入った。経営コンサルタントに相談したところ、「物件の価値が下がる」と言われたのだという。なぜ多様な人たちが働いていると「物件の価値が下がる」のだろうか。理不尽な話だ。

結局、パウダーラボ・セカンドの事務所部分を改装して、そこに機械を入れる、という方法を取るしかなかった。

この件では、僕自身、頭を一発ガツンと殴られたような気がした。久遠チョコレートはあくまでもチョコレートブランドの一つ。そのクオリティには絶対の自信がある。世の中に、障がい者も健常者もいるように、当たり前のように障がい者と健常者が働き、美味しいチョコレートを作っている会社だ。それなのに、まだまだ「障がい者の就労支援の一環としてチョコレートを作っているところ」という中途半端で偏った見方を払拭できていなかったのだ。

障がい者と働くと「感動」がある?

ちょうど包装工房の物件探しをしていた頃、似たような出来事があった。

障がい者のイベントに呼ばれ、ステージに上がって司会者とトークすることをお願いされたのだ。事前に流れを見せてもらうと、そこには「障がい者雇用で大変なところはどこですか?」とか「障がい者と日常的に関わり、どんな感動がありますか?」といった質問がリストアップされていた。

福祉関連のイベントだから、ある程度はそういう話も出てくるだろうなという予測はついていた。それにしても、僕らを頭から「社会貢献ブランド」「障がい者の就労支援」と捉えていることに違和感を感じたのも事実だ。

そこで冒頭で「僕らはただのチョコレート屋です」と自己紹介。「大変なところはどこですか?」という問いには、「人は一人ひとり違って凸凹があるのですから、一緒に何かしようとするとうまくいかないこともありますよね」と答えた。

「どんな感動がありますか?」という問いかけには、「そういう違いを乗り越えて理解し合い、一つの目標を成し遂げたら誰でも感動します。そこに障がいがあるかないかは関係ないと思います」と答えたのだった。

すると司会者は戸惑い、客席にいた障がい者を支援する社会福祉法人の方々、イベントをサポートしているクライアント企業の関係者などをザワつかせてしまった。予定調和をぶち壊して申し訳ないと思ったのだが、久遠チョコレートの本当の姿を知ってもらいたいと思ったのだ。

これらのことから考えさせられたのは、もっとチョコレート屋としての「一流」を目指さなければ、ということだ。久遠チョコレートが「社会貢献ブランド」ではなく、チョコレートの

「一流ブランド」として扱われるようになった時が、僕が目指す「凸凹ある多様な人たちがそれぞれに活躍し、稼げる社会」が当たり前になる時だと思うからだ。

一流を目指さなければ、という思いを強くした出来事がもう一つある。

3年ほど前、ある百貨店のバレンタイン催事に出店した際、会場を訪れた20代の女性客から手紙をもらった。たまたま僕たちのチョコレートを試食して気に入ったので購入し、その後、パッケージに添えられたカードを見て、多様な人びとが働いているブランドだと知ったそうだ。

女性は幼い頃からの願いを手紙にしたため、僕に手渡そうと再び会場に足を運んでくれていた。聞けば女性の妹に知的障がいがあり、いつも母親が付きっきり。障がいがある人の働く場が少なく、受け入れ先探しにも奔走（ほんそう）していたという。そんな背中を見てきたのだろう。「お母さんが苦労しなくていい社会になるといいな」。手紙にはそう書いてあった。

もっと社会に大きな器があれば、どれほどの親子が今とは違う時間を過ごせるだろうか。大勢の人が行き交う会場で、しばらく互いの思いを話したあと、その女性の口にしたひと言が重く心に残ったのだ。

「一流になってください。応援しています」

うめだ阪急のカリスマバイヤー

一流ブランドを目指す。

これを無謀な考えだと思うだろうか。僕は決してそうは思わない。久遠チョコレートを通じて、多くの「一流」と触れるうちに、その思いは強くなっている。

久遠チョコレートは、野口さんを始めとする数々の人たちとの出会いを通じて成長してきた。そんな恩人の一人だと僕が勝手に思っているのが、前述したうめだ阪急のバレンタインイベントを担当するバイヤーの高見さんだ。

高見さんこそ、走り始めてまだ2年目の僕らを、日本最大級のバレンタイン催事「バレンタインチョコレート博覧会」に呼んでくれた張本人。チョコレートのプロのなかのプロとも呼ぶべき目利きだ。

催事初参戦の不慣れな僕らは、前述のように生産が追いつかず陳列棚を空っぽにするという大失態を犯し、売り上げも目標の4分の1に留めてしまった。当然、翌年はお呼びがかからないだろうと落胆していたところ、高見さんは「あなたたちのお菓子は美味しい。方向性は間違っていないから、来年こそ頑張ってください」と僕らに再び声をかけてくれたのだ。

高見さんが大事にしているのは、それぞれのブランドがどんな思いでチョコレートを作っているのか。思いのないブランドは、たとえ前年の売り上げが絶好調だったとしても、催事に呼ぶことはないそうだ。バレンタインに代表されるギフトチョコレートは、大事な人に思いを伝えるものだからかもしれない。

駆け出しの僕らは製造も生産管理も力不足だったが、思いの熱さではどこにも負けない自信があった。最初に催事へ呼ばれた時も、事前打ち合わせで僕が、「僕らは社会貢献ブランドではない。誰が作っているかで評価されるのではなく、美味しさだけで評価されたい。『思いは誰よりも熱く。やるべきことはシンプルに美味しいチョコレートを作る』が僕らのモットーです」と語ったところ、「面白い」と共感してくれたのだ。

バレンタイン商戦は百貨店間の競争も厳しく、毎年同じ方向性で乗り切れるほど甘くはない。マンネリに陥ると消費者は飽きてそっぽを向いてしまうものだ。

リベンジマッチである2度目の催事に臨むにあたり、久遠チョコレートはどんな方向性を打ち出せるのか。高見さんの問いかけに、たった6種類から始まったテリーヌチョコレートの種類をもっと増やし、日本中の面白い食材を組み合わせたチョコレートを1枚からバラで買えて、好きに組み合わせる「日本再発見」というコンセプトを提示した。それも高見さんは「いいね」

と面白がってくれた。

現在では、うめだ阪急のバレンタイン催事のおよそ1ヵ月間で、2000万円ほどを売り上げるまでになった。2022年の催事では、なんと本店1階の正面入り口のいちばん目立つところに、久遠チョコレートがドーンと出店。売り場の横幅は長さ15メートルもあり、豊橋本店より遥かに広い規模での展開だった。少しずつ自信がついてきたとはいえ、この時はさすがにドキドキした。結果は大成功。1日の売り上げが200万円を超える日もあったのだ。チャンスをくれた高見さんには感謝しかない。

京都の老舗との出合い

久遠チョコレートでは、テリーヌチョコレートのフレーバーに、緑茶、ほうじ茶、紅茶など、さまざまなお茶を使っている。よいお茶を作っている農家や会社の話を聞くと、僕は直接お願いに行ったりもする。そこで、緑茶一つをとっても、いろいろな産地の茶葉が使われることになる。

そうして、愛知県の雲海が出る茶畑で無農薬で作られる「雲上茶」を使ったテリーヌチョコレートや、茶処としては北限の厳しい環境で栽培される新潟の「村上茶」を使ったテリーヌチョコレートが生まれているのだ。

そんな僕に、京都宇治で450年以上続く老舗を紹介してくれたのは、ジェイアール京都伊勢丹の担当バイヤーさんだった。京都伊勢丹は、京都の1号店ができた翌年に、久遠チョコレートをバレンタイン催事に招いてくれたのだ。一見さんお断りの格式の高い老舗から上質な茶葉を仕入れられるようになったのは、京都伊勢丹のバイヤーさんのおかげと感謝している。

パウダーラボの石臼で、この高級茶葉を挽いてできたパウダーを混ぜ込んだテリーヌチョコレートは、もちろん絶品だ。

久遠のために生まれたカカオのブレンド

茶葉だけではない。チョコレート自体の素材にも、世界30ヵ国からやって来たそれぞれ風味の異なるカカオを使っているのだが、取り引きしている会社の一つに、フランスの100％オーガニック・フェアトレードチョコレート会社の〈KAOKA〉がある。

この会社は、オーガニック・フェアトレードチョコレートのパイオニア。エクアドル、ペルーなどの4ヵ国で、オーガニックの生産者を情熱的に育てている。久遠チョコレートのあり方に共鳴してくれて、その4ヵ国のカカオをブレンドし、久遠チョコレートのためにオリジナルの「QUON58（ファイブエイト）」というオーガニックのクーベルチュールチョコレートを作ってくれたのだ。

ここの社長がパウダーラボを訪ねてきた時に言ってくれた「今まで日本に散々来て、いろいろなパティシエの店に行ったけど、ここがいちばん刺激的で面白かった」という言葉は、本当に嬉しく誇らしかった。

日本一の「ショコラの祭典」

少し遡(さかのぼ)って、うめだ阪急の催事に初めて出店した2017年の翌年。2018年、今度は地元であるジェイアール名古屋タカシマヤのバレンタイン催事に呼ばれ、心踊った。この「アムール・デュ・ショコラ」こそ、バレンタイン催事で日本一の売り上げを誇る「ショコラの祭典」と呼ばれている。メイン会場ではなく、サブ会場からのスタートだったが、実績のないルーキーブランドだから仕方ない。

そこでも欠品して大目玉を食らったのだが、翌年にはメイン会場に昇格。その後も着実に毎年出店し、2022年、ついに、このショコラの祭典のオープニングセレモニーに初めて呼ばれたのだ。

オープニングセレモニーには、名だたるスターシェフ20名が登場する。ショコラティエでもパティシエでもない僕は場違いなのでは？　と及び腰になりかけた。しかし、多くのメディアの取材も入る機会だ。久遠チョコレートの名前を少しでも浸透させるため、恥を忍んで登壇させてもらうことにした。

ステージで紹介するにあたって「夏目さんの肩書きは何にしますか？」とあらためて聞かれた。悩んで自分に付けた肩書きは、コンダクター（指揮者）。ユニークな音を奏でるスタッフたちを導いて、美味しい音色を奏でているイメージだ。これなら、久遠チョコレートで自分がやっていることを表している気がした。

セレモニーの控室では、全員が初対面。互いがすでに顔見知りのスターシェフたちは、当然のことながら「こいつ誰？」という目で僕を見ていて、その視線が痛かった。ありがたいことに「久遠の夏目」と認識してもらって、仲良く食事に出かけるシェフも増えたのは、そののちのことだ。

トップパティシエとの出会い

「シェ・シバタ」を率いるトップパティシエ柴田武シェフと親しくさせていただくきっかけも、名古屋タカシマヤだった。名古屋タカシマヤのバレンタイン催事に参加して5年目の久遠チョコレートの売り場は、なんとシェ・シバタのお隣だったのだ。

柴田シェフは、周りを圧倒するオーラを放つまさに「侍」のような方。世界に展開するスーパーシェフを前に、僕は緊張しながら名刺を出して「あの、隣でやらしてもらいます久遠チョコレートの夏目です」と挨拶させていただいたのが始まりだった。せっかくお隣になり、1ヵ月ほど近くにいるのだから、なんとか柴田シェフと親しくなりたいと考えていたのだ。

柴田シェフは、名古屋店の奥のスペースで、限られた人しか入れない隠れ家レストラン「たけバー」を完全予約制で営業していた。それを知っていた僕は、勇気を出して「僕もたけバーに行ってみたいです」と催事中にお願いもしたりした。柴田シェフは同じ東海地方の方。お菓子の世界のトップシェフに僕らのことをどうしても知ってもらいたかったからだ。

「おう、いいぞ。たけバーいつにする？」と快諾してくれた時は、このうえなく嬉しかった。

ソフトクッキーのアイディア

バレンタイン催事が無事終了した2022年3月末、同じく名古屋タカシマヤで親しくさせていただいた京都祇園（ぎおん）のきなこアイス専門店「京きなな」の大本勝司大将たちと4人で、「たけバー」を訪れることになった。大きな催事を乗り越えた解放感もあり宴は盛り上がり、食事後は、名古屋の繁華街・錦で飲み直すことになった。

これはチャンスと思った僕は、たけバーから錦へ移動中のタクシーで、柴田シェフのお隣に乗り込み（かつて野口さんのときにも使った戦法だ）、以前から考えていたアイディアを打ち明けてみた。それは「柴田シェフとビジネスをやりたいです」という思い切った言葉だった。鼻であしらわれてもおかしくなかったのだが、柴田シェフから「俺はソフトクッキーに興味があるんだよね」という反応が返ってきたのだ。

ソフトクッキーとは、その名の通り、しっとりした食感のクッキー。日本ではあまり馴染みがないが、とくに欧米ではポピュラーなお菓子だ。

早くから海外でビジネスをしてきた柴田シェフは、その美味しさと世界の動向を知っており、認知度の低い日本でも広めたいと考えていたのだろう。

僕が「ぜひやらせてください」と応じると、柴田シェフは「できるのか？」と疑心暗鬼の眼差しだ。僕は「社会貢献の一環としてコラボしてほしいと言っているわけではありません。うちで働いているのは何も特別な人たちではない。単に一緒にビジネスをやりたいだけです」と力説した。結局その日は、朝4時まで飲み、次にいつ会うかも決めないままで別れたのだった。

ところが翌日のお昼頃になり、僕のスマホに柴田シェフから「おう。昨日の話だけどさぁ。もう一度会ってじっくり話そうよ」と連絡が入ったのだ。僕は嬉しくて、さっそく、どういう展開をしたいかの簡単な事業計画を作り、柴田シェフにプレゼンした。

それでもシェフには、うちにどれだけの力があり、どういうビジネスになるかは、まだきちんとイメージはできていなかったはずだ。

当然、僕も久遠チョコレートも信頼を勝ち得ていたわけではなかっただろう。また、久遠チョコレートのあまりにも効率や合理性とはかけ離れたビジネスのやり方への理解には苦しんだと思う。

けれど、その後何度も柴田シェフのもとに足を運び、話し合ううちに（そして深酒をするうちに）、「よし、一緒にやってみるか」と考えてくれるようになったのだ。これが、柴田シェフの懐の深いところだ。

トップパティシエとのコラボビジネス

こうして、2022年11月に誕生したのが新ブランド「ABCDEFG」だ。イタリア語でドレミファソラシドという意味。名付け親は柴田シェフ。誰でも読めて、単純で面白いという理由からだ。

僕も「区別のないフラットで単純な社会」とか「グラデーションが奏でる弾むような社会」と言い続けているから、絶好のネーミングだと思った。適度な抜け感をプラスしたかったので、そこに「タケシとQUONのお菓子な関係」という副題をくっつけることにした。

柴田シェフがレシピを作り、製造は僕らがパウダーラボ・セカンドなどで行う形のこのコラボは、名古屋本店、飛騨高山店、北海道のエスコンフィールドHOKKAIDO店の3店舗でスタートした。

ブランドスタートにあたって、柴田シェフが僕らスタッフにじきじきに技術指導してくれたのだが、それは僕らに一流の仕事というものを教えてくれたのだった。

ソフトクッキーに注入するキャラメルの炊き方にしても、プラリネ（ローストしたアーモンドやヘーゼルナッツに砂糖を焦がしてキャラメル状にしたものをかけ、ペースト状にしたもの）の作り方にしても、カスタードクリームの作り方にしても、一つひとつの手技やものづくりへの考え方には、驚くと同時に新鮮な発見が山のようにあった。

経験と知識の差を目の当たりにし、プロ中のプロの手業の凄（すご）みを体感しながら、一流になるには何が必要かを肌で感じることができた。

丁寧な社会を目指すコラボ

2022年、共通の知人を介して出会ったのが俳優の松山ケンイチさん。松山さんは俳優業の傍ら、捨てられていく獣皮やさまざまな資源をアップサイクルするライフスタイルブランド

〈momiji（モミジ）〉を主宰している。

久遠チョコレートに興味を持ってくれた彼は、すぐに豊橋に一人で見学に来てくれた。パウダーラボのバディたちと気さくに交流し、一緒に商品の箱折りをしてくれたりもした。

話すうちに「一緒に何かしようよ」と盛り上がり、２０２３年のバレンタインは、鹿や熊の捨てられていく皮革を使ったパッケージでのmomijiと久遠チョコレートのコラボが実現した。箱一つひとつも名古屋の社会福祉法人さふらん会のみなさんが、丁寧に手作りし、お菓子を食べたあとも捨てずに、ずっと使われ続けていくパッケージをコンセプトにした。

２０２４年のバレンタインは、パッケージのコラボだけでなく、松山さんが栽培しているオーガニックのハーブ・ホーリーバジルの茎・葉・実を余すことなくパウダーにして使ったチョコレートを開発して発売することに。

自然の力に敬意を表して、今、社会が少しぞんざいに扱ってしまっているものを丁寧に扱い直そうとしている彼のブランドの姿勢。そして、社会から置き去りにされがちな一人ひとりの凸凹に丁寧に向き合おうとしている久遠チョコレートの姿勢。この2つが共鳴し合って生まれたコラボだ。

「使える／使えない」という、なんとも安易な物差しで人や物事を測らない社会を作っていく象徴のようなコラボとして、続くといいなあと思っている。

僕らが一流を目指す理由

　僕が目指しているのは、チョコレート業界で一流になり、ナンバーワンになること。そう言うと、人からは鼻で笑われることもあるが、本気で目指しているのだ。

　具体的に言うと、阪急百貨店うめだ本店の「バレンタインチョコレート博覧会」、ジェイアール名古屋タカシマヤの「アムール・デュ・ショコラ」といった国内最大級のチョコレートの祭典で売り上げナンバーワンを取ること。

　現在の久遠チョコレートの年商は18億円程度。一方、２月のバレンタインを中心に、日本のギフトチョコレートの市場規模は、年間４０００億円といわれている。その１％の年商40億円を獲得するという当座の目標を達成できたら、５～10年後の株式市場への上場という夢も見えてくる。

　ナンバーワンになりたいのは、単に売り上げを上げて儲(もう)けたいからではない。たくさん稼げるようになれば、一緒に働く仲間をもっと増やせるし、一人ひとり、一つひとつの仕事の価値が高まるからだ。

　加えて、凸凹やグラデーションを持ち、僕を始めとして特別なスキルやノウハウのない集まりが、熱い思いを共有しつつ、どうすれば美味しいチョコレートができるかをシンプルに追求していけばテッペンが取れることを、売り上げナンバーワンという分かりやすい形で証明したいからだ。

もちろん一流かどうかは、バレンタイン催事で売り上げナンバーワンになるといったビジネス的な物差しだけでは測れないものだとも思っている。

チョコレートの催事に出て、周りの一流ブランドの商品を目の当たりにすると、僕らとは歴然とした差がある。

僕らはゼロからスタートしているから、原材料に対する知識力も、チョコレートを作り上げる技術力も圧倒的に不足している。パッケージなどを含めた商品力、企画力、表現力なども、どれ一つとっても一流の域には達していない。一流ブランドになり、ナンバーワンを取るには、これらすべての力に、一層磨きをかける必要があるのは分かっている。

それでも僕らは一流を目指す。

いろんな人がいて、凸凹やグラデーションがあって当たり前の社会、誰も置き去りにすることのない社会を作る。

この久遠チョコレートの理念を広めるためにこそ、一流にならなくては、と思うからだ。

今、日本社会では、少子高齢化や経済の停滞などでゆとりがなくなり、効率化、合理性ばかりを追求するようになっているように見える。障がい者に限らず、人が人を「できる人／できない人」「使える人／使えない人」という物差しで測る傾向が強くなっている。その現状に適応できず、息苦しさや生きづらさを感じている人たちは、どんどん増えているように思える。

そんな「使えないヤツ」の代表みたいな僕らが、「社会貢献」でも「就労支援」でもなく、会社として、ブランドとして「一流」だと認められた時、日本の社会はもっともっと前進するんじゃないかと思うのだ。

［エピローグ］

僕らは小さな筏で、新しい景色を見ながら進んでいく

久遠チョコレートを作って２０２４年で10年。障がい者など多様な人びとと向き合う仕事を始めて20年になる。

振り返ってみると、もともと何事にも飽き性で中途半端だった僕が、これだけ長く一つのテーマに沿ってよくもがき続けてきたものだと、我ながら感心する。

もちろん「今度こそもう絶対に無理だ！」と諦めそうになることもある。そういう時は、このビジネスを始めた時の原点を思い返すことにする。いろんな凸凹のある誰もが活躍し、稼げる場所を作りたい。どっちに進もうか迷った時は、この軸をブレさせない選択肢を選ぶことにする。

僕のところには、全国各地から年間１０００件ほどのメールや手紙が届く。それは、久遠チョコレートで働きたいという希望や、自分の地元でフランチャイズ店をやらせてほしいという事業所や、障がい者雇用をしたいという企業からのリクエストだ。

そんな切実な声に触れるたびに、僕らの社会は一体何をやっているのだろうか、と思ってしまう。障がい者や社会から取りこぼされた人たち、そしてその家族のリアルな声を受け止める場所があまりに少ないから、地方の一企業にすぎない久遠チョコレートに、わずかな光を求めるように問い合わせが来るのだ。

20年前と比べれば、確かに障がい者の「働ける場所」「稼げる場所」も少しずつ増えてきているかもしれない。ただ、まだまだ不十分だ。作業所の全国平均月給も1万6000円ほどで、1万2000円ほどだった20年前と比べてもほとんど上がっていない、という現実がある。

フランチャイズ出店の希望は問い合わせのうち2～3割。ただし僕は、「うちの地元で久遠チョコレートをやりたい！」とどんなに熱い思いを吐露されても、1年間は「イエス」と言わないというマイルールを定めている。

理由は、20年前にスワンベーカリーをやりたいと言った僕に、小倉さんが「帰りなさい」と諭（さと）してくれた理由とまったく同じ。隣の芝生は青く見えるものだし、人の人生と深く関わり、その一生を背負うことを甘く考えてはいけないと思っているからだ。

誰のために、何のために久遠チョコレートをやるのかという思いの共鳴度が足りないと、安易にフランチャイズ店を始めたとしても壁にぶつかるのは目に見えている。久遠チョコレートの看板を掲げるには、この本で語ってきたように、多様な人たちに合わせて働く環境を変えたり、仕組みを柔軟に見直したりすることも必要になる。そこまでの覚悟と思いを共有するには、1年くらいはかかるのだ。

1年間も断り続けると、たいがいは連絡が途絶える。それでも連絡を取り続けてくれたところとはもう一度話し合い、思いの共鳴度が高まってきたと判断したら、あらためて出店のための具体的な交渉に入るのだ。

そうやって思いが共鳴したと感じた人のところには、僕は、どんな地方でも訪ねていくことにしている。実際に、そうして少しずつ仲間を増やしてきた。

久遠チョコレートは大きな豪華客船ではないけれど、小さな筏をいくつも浮かべて、そこへ障がい者を始めとする多様なスタッフを乗せて、逆風のなかでも前へ前へと進む。そんな思いに共鳴し、熱いパッションを胸に秘めてもがいてくれるところこそ、久遠チョコレートと呼びたいのだ。

僕らの目指す目的地は、「スーパーフラットな社会」だ。誤解してほしくないのは、スーパーフラットといっても、誰もが完全に平等な社会を作りたいわけではないということ。能力の高い人が稼げる、努力した者が報われる、というのは、ある意味当然だろう。

ただ、問題なのは今、人を評価する時に、「できる人／できない人」「使える人／使えない人」という物差ししかなく、そこから弾き出されている人たちがあまりにも多すぎる、ということだ。

決まり切った一つの評価軸だけで人が人を評価するという価値観を、一度フラットにして考え直したら、どこか閉塞感のある今の日本の社会が、日本の経済が、もう一度成長するためのブーストになるのではないかと思う。そうすれば僕たちの住むこの社会も、もっと豊かに成熟していくのではないだろうか。

多様な人たちの凸凹やグラデーションを受け入れる力を持ち、「できるはずがない」という思い込みを捨て去り、「どうすればできるようになるのか」を逆算で考える、という別の物差しを持つと、別の景色が見えてくる。僕らの仲間はその新しい景色を見ながら、いくつもの小さな筏で前へと進んでいるのだ。

現代では、どの分野でもイノベーションが求められている。イノベーションというと、ＡＩやロボットといったモノやサービスのイノベーションばかりを想像する。でも、凸凹やグラデーションを素直に受け入れる「心のイノベーション」があってもいいのではないかと思う。そんな心のイノベーションを起こすためのヒントを、この本で一つでも提供できていたとしたら幸いだ。

最後に、この場を借りて、久遠チョコレートの立ち上げから一貫して深い懐で見守ってくれている野口和男ショコラティエ、さらに、このブランドを支えてくれているすべての関係者、フランチャイズ店のみなさん、一人ひとりの本部スタッフたちに感謝を申し上げたい。

そして、妻の安矢子。20年前のパン屋として独立した時から、一度たりとも、僕の進む道に「NO」と異議を唱えることなく、ただ淡々と支えサポートし続けてくれた。長男浩太郎の幼少期には、朝から晩までパンを作り、借金まみれでストレスいっぱいの日々。彼には父親らしいことを何一つしてあげられなかった。それでも浩太郎も、7つ歳下の長女の悠里も、優しい素直な子に育ってくれた。彼女がいたからこそ、今があることにあらためて「ありがとう!」と伝えたい。もちろん、そんな僕らを支えてくれた妻の両親と僕の両親にも。

気が小さいけれど、負けず嫌いで、恥ずかしがり屋で、人に考えを伝えたり、気持ちを伝えたりするのが苦手な僕。そんな僕のこれまでや思いを活字で表現するという素晴らしい機会をいただいた、編集の下井香織さん、井上健二さん、「活字って、ホントに、最高です!」。

さて、僕の地元・東三河には、「やろまいよ」という方言がある。「やってみよう」「やろうじゃないか」という意味だ。

僕は、自分がすごいことをしているという意識はまったくない。久遠チョコレートが特別だとも思っていない。僕らにできるのだから、誰にでもできるはず。だから、締めくくりにこう言わせてほしい。

さぁ、みんなで、もっともっと、やろまいよ！

２０２４年２月

久遠チョコレート代表　夏目浩次

夏目浩次 Hirotsugu Natsume

久遠チョコレート代表。1977年、愛知県豊橋市生まれ。大学・大学院でバリアフリー都市計画を学ぶ。2003年、愛知県豊橋市において、障がい者雇用の促進と低工賃からの脱却を目的とするパン工房「花園パン工房ラ・バルカ」を開業。1000万円の借金を抱えながらも、より多くの雇用を生み出すため、2014年、久遠チョコレートを立ち上げ、わずか10年で全国60拠点に拡大。「凸凹ある誰もが活躍し、稼げる社会」を目標に、障がい者を始め、生きづらさを抱える多くの人びとの就労促進を図りながら、美味しいチョコレート作りに奮闘する。その山あり谷ありの道のりが描かれたドキュメンタリー映画『チョコレートな人々』（東海テレビ）は、全国上映され話題を呼ぶ。「第2回ジャパンSDGsアワード」にて、内閣官房長官賞を受賞。

装丁デザイン　井上新八
本文デザイン・DTP　吉名　昌（はんぺんデザイン）
構成　井上健二

温めれば、何度だってやり直せる
チョコレートが変える「働く」と「稼ぐ」の未来

2024年2月7日　第1刷発行
2024年5月7日　第3刷発行

著　者　夏目浩次
発行者　清田則子
発行所　株式会社講談社
〒112-8001 東京都文京区音羽2-12-21
販売 ☎ 03-5395-3606　業務 ☎ 03-5395-3615
KODANSHA
編　集　株式会社講談社エディトリアル
代表　堺　公江
〒112-0013 東京都文京区音羽1-17-18 護国寺SIAビル6F
☎ 03-5319-2171
印　刷　株式会社新藤慶昌堂
製　本　株式会社国宝社

ISBN978-4-06-534724-9